国家自然科学基金委员会
2022年度报告

NATIONAL NATURAL SCIENCE FOUNDATION OF CHINA
2022 ANNUAL REPORT

国家自然科学基金委员会◎编著

ZHEJIANG UNIVERSITY PRESS
浙江大学出版社
·杭州·

图书在版编目（CIP）数据

国家自然科学基金委员会2022年度报告 / 国家自然
科学基金委员会编著. -- 杭州 ： 浙江大学出版社，
2023.3

ISBN 978-7-308-23585-3

Ⅰ. ①国… Ⅱ. ①国… Ⅲ. ①中国国家自然科学基金
委员会－研究报告－2022 Ⅳ. ①N26

中国国家版本馆CIP数据核字(2023)第043420号

国家自然科学基金委员会2022年度报告

国家自然科学基金委员会　编著

出版事务统筹　国家自然科学基金委员会科学传播与成果转化中心
责任编辑　冯其华
责任校对　金佩雯　陈　宇
封面设计　林智广告
出版发行　浙江大学出版社
　　　　　　（杭州市天目山路148号　邮政编码：310007）
　　　　　　（网址：http://www.zjupress.com）
排　　版　杭州林智广告有限公司
印　　刷　浙江海虹彩色印务有限公司
开　　本　889mm×1194mm　1/16
印　　张　11.75
字　　数　230千
版 印 次　2023年3月第1版　2023年3月第1次印刷
书　　号　ISBN 978-7-308-23585-3
定　　价　98.00元

编辑委员会

2022 年，国家自然科学基金委员会（以下简称自然科学基金委）以习近平新时代中国特色社会主义思想为指导，以迎接党的二十大胜利召开、学习贯彻党的二十大精神为主线，深入贯彻落实习近平总书记关于科技创新特别是关于基础研究的重要论述精神，全面贯彻党中央、国务院决策部署，在广大科研人员和依托单位的共同努力下，深入推进科学基金系统性改革，着力完善国家自然科学基金资助体系，顺利完成全年资助工作，为基础研究高质量发展提供有力支撑。

强化基础研究系统部署，突出原创，鼓励自由探索。科学制定年度资助计划，深入推进基于板块的资助布局改革，提升落实"四个面向"的协同资助能力。全年共接收 2 405 个依托单位的项目申请 30.69 万项，批准 5.16 万项，资助经费 326.99 亿元。继续实施原创探索计划项目，探索支持原创思想的申请和评审机制，鼓励科研人员自由畅想、挑战高风险性研究，全年资助原创探索计划项目 125 项，经费 2.85 亿元。围绕国家重大需求，前瞻部署核心科学问题研究。研究制定发布《"双碳"基础研究指导纲要》，强化碳中和领域战略布局。部署实施"可解释、可通用的下一代人工智能方法"和"多物理场高效飞行科学基础与调控机理"2 项重大研究计划。大力支持原创科研仪器与核心部件研制，资助 81 项国家重大科研仪器研制项目。全面布局优先发展领域和重点任务，印发实施《国家自然科学基金"十四五"发展规划》。

完善科学基金人才资助体系，强化基础研究人才培养。加大力度支持青年人才成长，资助青年科学基金项目 22 262 项、优秀青年科学基金项目 630 项，将国家杰出青年科学基金项目从 315 项增加到 415 项。助力区域人才发展，资助地区科学基金项目 3 521 项。继续做好优秀青年科学基金项目（海外）和优秀青年科学基金项目（港澳）资助工作，并面向港澳地区科研人员开放青年科学基金项目申请。

科学基金深化改革重点任务取得重要进展。稳步推进基于四类科学问题属性的分类申请与评审，覆盖 85% 以上的项目申请，科研选题总体质量持续提升。深入推进"负责任、讲信誉、计贡献"（RCC）评审机制改革，在超过 60% 的学科开展试点，评审质量稳中有升。持续优化学科布局，在全面实施新申请代码体系的基础上，实现申请代码的动态优化调整，申请代码体系的科学性、包容性、引领性明显提升。加强科学问题凝练，优化立项机制，组织编写《凝练科学问题案例》，引导科研人员提升凝练科学问题的能力。试点开展科学部资助管理绩效评估，委托第三方评估机构对化学、生命和信息三个科学部开展面向未来的诊断性评估，总结改革经验，明确推进方向。

持续深化国际（地区）合作，面向全球构建开放合作新局面。积极参与全球科技治理，与国际科学资助机构开展广泛战略对话和互动交流。加强与境外科学资助机构、国际组织的合作，共同支持实质性合作研究和人才交流，联合资助项目 577 项。实施外国学者研究基金项目，共资助 259 项。试点面向高层次外籍团队的导向性研究项目，共资助 13 项。发起"一带一路"可持续发展国际合作科学计划，16 个国际组织和境外机构参加首轮合作。启动国际科研资助部筹建工作，稳步推进面向全球的科学研究基金前期试点工作。

积极引导基础研究多元投入，拓展联合基金改革成效。充分发挥联合基金平台效能，引导科研人员共同解决重大需求背后的关键科学问题。2022 年，上海、云南、贵州 3 省市加入区域创新发展联合基金，中国石油、通用集团、雅砻江流域水电开发有限公司、中煤能源集团有限公司加入企业创新发展联合基金，与中国地质调查局设立行业联合基金。2018 年联合基金改革以来，共吸引委外资金 133.97 亿元，2022 年吸引委外资金已相当于科学基金中央财政投入的 8%。

持续优化项目和资金管理，释放科研人员创新动能。会同有关部门联合印发《关于开展减轻青年科研人员负担专项行动的通知》，进一步保障青年科研人员将主要精力用于科研工作。进一步简化申请材料提供要求，实现项目申请书主要参与者信息在线采集，持续推进"一表多用"，简化论文等研究成果署名标注要求。部分人才类项目实施经费使用包干制，惠及 2.3 万余位科研人员，让科研经费更好为科研服务。

加强作风学风和科研诚信建设，积极营造良好科研生态。深入实施科学基金学风建设行动计划，统筹推进教育、激励、规范、监督、惩戒五位一体学风建设工作格局。启动评审专家被"打招呼"专项整治行动方案制定工作。加强会议评审驻会监督，规范项目评审过程监督。做好学术不端调查处理，定期开展项目资金监督检查。主动与科研诚信建设联席会议成员单位实施联合惩戒，推进科研不端处理和信息共享常态化合作机制。

加强党的政治建设，纵深推进全面从严治党。深入学习宣传贯彻党的二十大精神，不断用党的创新理论武装头脑、指导实践、推动工作，推动党建和业务融合互促。推动党史学习教育常态化长效化，深化落实中央八项规定精神，系统推进全面从严治党、党风廉政建设和反腐败工作，主动接受中央纪委国家监委驻科学技术部纪检监察组监督，依法自觉接受审计署监督，统筹推进、一体整改巡视指出的问题以及中央纪委国家监委驻科学技术部纪检监察组的监督建议、经济责任审计发现的问题。

2023 年，自然科学基金委将坚持以习近平新时代中国特色社会主义思想为指导，深刻领悟"两个确立"的决定性意义，增强"四个意识"，坚定"四个自信"，做到"两个维护"，深入贯彻党的二十大精神和中央经济工作会议部署，深入落实习近平总书记重要论述和指示批示精神，坚持"四个面向"，坚持目标导向和自由探索"两条腿走路"，统筹遵循科学发展规律提出的前沿问题和重大应用研究中抽象出的理论问题，以推动科研范式变革和凝练科学问题为重要抓手，着力突出原创，坚持守正创新，深化调查研究，持续推进改革，夯实科技自立自强根基，促进教育发展、科技创新、人才培养一体推进，为推动我国基础研究高质量发展，建设世界科技强国，以中国式现代化推进中华民族伟大复兴提供有力支撑。

国家自然科学基金委员会主任　李静海

C O N T E N T S

第一部分　概　述　　　　　　　　　　　　　　　　　　　　1

　　一、科学基金系统性改革成效回顾　　　　　　　　　　　3
　　二、财政预算支出与资助总体情况　　　　　　　　　　　6
　　三、结题总体情况　　　　　　　　　　　　　　　　　　8

第二部分　资助情况与资助项目选介　　　　　　　　　11

　　一、各类项目申请与资助统计　　　　　　　　　　　　13
　　二、重大研究计划选介　　　　　　　　　　　　　　　29

第三部分　2022 年优秀资助成果巡礼　　　　　　　　35

第四部分　国际（地区）合作与交流　　　　　　　　119

第五部分　科研诚信建设　　　　　　　　　　　　　137

第六部分　组织保障　　　　　　　　　　　　　　　143

　　一、组织机构与队伍建设　　　　　　　　　　　　　145
　　二、党的建设　　　　　　　　　　　　　　　　　　149

附　　录　　　　　　　　　　　　　　　　　　　　153

　　一、2022 年度科学基金工作重要活动　　　　　　　　155
　　二、双清论坛　　　　　　　　　　　　　　　　　　171
　　三、国家自然科学基金资助管理行政规范性文件体系　173

第一部分
PART 1

概　述

一、科学基金系统性改革成效回顾

2018 年以来，自然科学基金委坚持以习近平新时代中国特色社会主义思想为指导，深入贯彻落实习近平总书记关于科技创新特别是关于基础研究的重要论述精神，牢牢把握"基础研究是整个科学体系的源头，是所有技术问题的总机关"的战略定位，坚决落实"科技领域是最需要不断改革的领域"的要求，聚焦构建"理念先进、制度规范、公正高效的新时代科学基金体系"的改革目标，全面启动科学基金系统性改革。

（一）主要举措

1. 改革资助管理策略：大力推进"明确资助导向、完善评审机制、优化学科布局"三项改革。一是明确资助导向，引导提升项目申请质量。2019 年试点开展基于"鼓励探索，突出原创；聚焦前沿，独辟蹊径；需求牵引，突破瓶颈；共性导向，交叉融通"四类资助导向的分类申请与评审，已覆盖 85％以上项目。科学问题属性案例库的典型案例达 111 个，出版发布《凝练科学问题案例》，多渠道总结宣传凝练科学问题的经验，科研人员选题质量显著提升。二是完善评审机制，引导提升项目评审质量。2020 年试点开展"负责任、讲信誉、计贡献"（RCC）的智能辅助分类评审机制改革，试点范围已覆盖 61％ 的学科领域，评审专家的责任意识与评审质量显著提升。三是优化学科布局，引导夯实科学发展基础。大幅简化申请代码，代码体系由三级调整为两级，数量由 3 542 个缩减至 1 390 个，提升了代码的科学性、包容性、引领性，较好地解决了学科划分过细、相互隔离等问题。

2. 改革资助管理机制：全面落实系列重要举措。一是探索培育重大原始创新的新机制。实施原创探索计划，建立预申请、评审结果反馈及答复等新机制，及时支持极具创新性的想法，2020—2022 年共资助原创探索计划项目 329 项。二是完善人才发展体制机制。实施人才资助体系升级计划，打造基础研究人才成长的完整资助体系。与 2018 年相比，2022 年国家杰出青年科学基金项目由 200 项增加到 415 项，优秀青年科学基金项目由 400 项增加到 630 项，青年科学基金项目资助数量增幅近 26％。同时，优化创新研究群体项目、基础科学中心项目资助模式，设立优秀青年科学基金项目（港澳）和优秀青年科学基金项目（海外）。三是完善基础研究多元投入机制。改革联合基金，明确出资比例（与企业的出资比例为 1∶4，与地方政府的出资比例为 1∶3，与部门的出资比例为 1∶2），鼓励企业、地方政府和部门加大基础研究投入，加强协同创新。四是优化资金和项目管理机制。深入落实"放管服"改革精神，率先开展国家杰出青年科学基金项目经费使用包干制试点，在人才类项目中扩展包干制实施范围，下放项目预算调剂审批权等，赋予科研人员更大经费自主权，激发广大科研人员的创新活力。全面实行无纸化申请，简化项目申请要求，优化初审要点，深入实施代表作评价制度，切实减轻科研人员负担。五是优化基础研究国际合作模式。稳妥推进面向全球的科学研究基金试点实施工作，部署筹建国际科研资助部。全面升级外籍人才吸纳渠道，将原有的外国青年学者研究基金项目拓展为包括三个层次（青年学者、优秀青年学者、资深学者）的外国学者研究基金项目，为设立实施面向全球的科学研究基金积累前期经验。

3.改革资助管理布局：将 9 个科学部整合成 4 个板块。按照"四个面向"的要求，遵循"源于知识体系逻辑结构、促进知识与应用融通、突出学科交叉融合"的原则，将 9 个科学部整合为"基础科学、技术科学、生命与医学、交叉融合"4 个板块。探索符合板块特色的议事方式和决策程序，初步形成符合各板块特点的项目立项、评审和资助管理机制，激发分类管理的活力和创造力，打破学科壁垒，实现多学科的交叉融合，有效引导各领域科研人员围绕综合性复杂问题协同攻关。

（二）主要成效

党的十九大以来，国家自然科学基金坚持战略定位，不断深化系统性改革，持续完善资助体系，在推动基础研究发展方面主要发挥了以下独特作用：

一是作为基础研究"基本盘"，稳定支持基础学科全面协调可持续发展，筑牢学科发展基础。经费投入约占我国基础研究总支出的 20%，资助范围涵盖除社会科学外的所有学科。2018 年以来，共受理项目申请合计约 135 万项，资助项目约 24 万项，资助金额约 1 464 亿元，对促进我国自然科学各学科领域全面发展发挥了基础性作用。

二是作为人才培育基金，形成了覆盖科研人员职业发展全阶段的人才资助体系，为加快建设世界重要人才中心和创新高地夯实人才队伍基础。2018 年以来，承担和参与国家自然科学基金项目的科研人员约 55.3 万人次，博士后约 4.2 万人次，研究生约 70.7 万人次。国家杰出青年科学基金项目作为杰出人才"孵化基金"，已成为我国培养高层次科技人才的一个重要品牌，在现年 60 岁以下的中国科学院院士中，约有 87% 曾获国家杰出青年科学基金项目资助，在培养青年人才、推动科技创新上具有不可替代的作用。

三是作为科学突破的"策源地"，在拓展科学前沿和服务国家需求方面提供源头支撑。推动产出了铁基超导材料、量子反常霍尔效应、多光子纠缠等一批前沿成果，为北斗卫星定位系统、航空航天技术研发、青藏和川藏铁路建设等国家重大工程建设提供了强有力的基础科学支撑。2018 年以来，所有国家自然科学奖获奖成果均曾获得国家自然科学基金的持续资助。

2003 年严重急性呼吸综合征（severe acute respiratory syndrome，SARS）发生以来，国家自然科学基金持续资助冠状病毒研究 353 项，经费约 2.97 亿元。2019 年年底新冠疫情发生以来，紧急安排 1.24 亿元资金部署各类项目支持科研攻关，为快速应对此次疫情提供了关键的科技和人才支撑。

四是作为基础研究领域促进协同创新的"黏合剂"，在调动企业、行业、部门、地方等支持基础研究方面发挥重要作用。已有 26 个省（自治区、直辖市）、12 家央企加入区域 / 企业创新发展联合基金，并与 8 个行业部门设立联合基金。目前共吸引外部投入约 133.97 亿元，2022 年联合基金经费已占科学基金年度总经费的 8%，有力促进了原始创新能力的提升。

五是作为国际科学合作的重要平台，在畅通国际合作渠道方面发挥重要作用。与 54 个国家（地区）的 101 个资助机构或国际组织建立了合作关系。发起以可持续发展为主题的"一带一路"国际合作科学计划，已有 16 个外国科研资助机构及国际组织参加首轮合作。

二、财政预算支出与资助总体情况

（一）财政预算支出总体情况

2022 年，国家自然科学基金财政预算 3 301 048.48 万元，其中，资助项目经费预算 3 249 659.18 万元。2022 年完成资助项目资金拨款 3 185 647.10 万元，其中，资助项目直接费用拨款 2 688 117.76 万元，间接费用拨款 497 529.34 万元。

2022 年度国家自然科学基金财政预算统计见表 1-2-1。

表 1-2-1　2022 年度国家自然科学基金财政预算统计

序号	项目类型	当年财政预算（万元）	当年财政支出（万元）
1	面上项目	1 342 058.18	1 339 556.06
2	重点项目	252 588.00	251 847.53
3	重大项目	72 423.00	72 098.60
4	重大研究计划项目	115 571.00	105 481.62
5	国际（地区）合作研究项目	89 748.00	88 992.50
6	青年科学基金项目	505 984.00	505 948.00
7	优秀青年科学基金项目	120 536.00	119 652.04
8	国家杰出青年科学基金项目	140 003.00	135 677.00
9	创新研究群体项目	48 498.00	48 389.35
10	地区科学基金项目	138 153.00	137 774.43
11	联合基金项目	75 140.00	74 659.66
12	国家重大科研仪器研制项目	113 414.00	113 271.27
13	基础科学中心项目	92 718.00	90 930.20
14	专项项目	94 215.00	68 224.68
15	数学天元基金项目	6 840.00	3 850.00
16	外国学者研究基金项目	24 500.00	19 766.86
17	国际（地区）合作交流项目	17 000.00	9 265.32
18	海外及港澳学者合作研究基金项目	270.00	262.00
	合　计	3 249 659.18	3 185 647.10

（二）资助总体情况

2022 年，国家自然科学基金资助各类项目 3 890 915.69 万元，其中，资助项目直接费用 3 269 921.35 万元，核定 1 200 个依托单位间接费用 620 994.34 万元。

2022 年度国家自然科学基金资助项目经费统计见表 1-2-2。

表 1-2-2　2022 年度国家自然科学基金资助项目经费统计

序号	项目类型	资助数（项）	资助金额（万元）		
			直接费用	间接费用	合计
1	面上项目	20 472	1 087 845.00	324 861.48	1 412 706.48
2	重点项目	761	205 282.00	60 098.88	265 380.88
3	重大项目	55	80 126.92	23 020.56	103 147.48
4	重大研究计划项目	320	80 258.70	20 887.34	101 146.04
5	国际（地区）合作研究项目	329	59 783.50	17 393.65	77 177.15
6	青年科学基金项目	22 262	—	—	662 800.00
7	优秀青年科学基金项目	655	—	—	131 000.00
8	国家杰出青年科学基金项目	415	—	—	162 880.00
9	创新研究群体项目	43	42 400.00	8 600.00	51 000.00
10	地区科学基金项目	3 521	115 080.00	34 833.04	149 913.04
11	联合基金项目（含联合资助方）	1 075	287 167.00	56 436.72	343 603.72
12	国家重大科研仪器研制项目	81	105 325.60	22 713.64	128 039.24
13	基础科学中心项目	19	111 000.00	23 842.95	134 842.95
14	专项项目	970	101 420.72	21 881.79	123 302.51
15	数学天元基金项目	95	6 000.00	0	6 000.00
16	外国学者研究基金项目	272	22 149.61	6 424.29	28 573.90
17	国际（地区）合作交流项目	248	9 402.30	0	9 402.30
合　计		51 593	3 269 921.35	620 994.34	3 890 915.69

注：青年科学基金项目、优秀青年科学基金项目、国家杰出青年科学基金项目实行经费包干制。

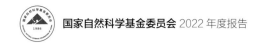

三、结题总体情况

2022 年国家自然科学基金结题项目 42 669 项，相关研究成果获国家级奖励 551 项次，其中国家自然科学奖 157 项次，国家科学技术进步奖 282 项次，国家技术发明奖 112 项次；省部级奖励 4 946 项次；获国外授权专利 1 545 项次，国内授权专利 50 337 项次。

2022 年度国家自然科学基金结题项目成果统计见表 1-3-1。

表1-3-1 2022年度国家自然科学基金结题项目成果统计

成果形式		项目类型														
		面上项目	重点项目	重大项目	重大研究计划项目	青年科学基金项目	地区科学基金项目	优秀青年科学基金项目	国家杰出青年科学基金项目	创新研究群体项目	海外及港澳学者合作研究基金项目	联合基金项目	国家重大科研仪器研制项目	基础科学中心项目	应急管理项目	国际（地区）合作与交流项目
结题项目（项）		17 670	611	122	538	17 651	3 003	399	197	47	23	784	96	3	45	848
论著（篇/部）	国际学术会议特邀报告	4 134	1 205	392	305	760	89	310	556	352	12	336	130	116	40	620
	国内学术会议特邀报告	7 165	1 452	425	507	1 344	346	421	596	526	21	541	177	65	80	451
	期刊论文	237 237	27 832	9 312	9 716	110 481	28 814	7 120	7 751	8 202	400	17 441	3 315	1 459	1 082	10 464
	会议论文	21 576	3 288	824	804	9 579	1 832	634	733	257	66	2 694	336	34	70	1 058
	SCI检索系统收录论文	166 586	20 217	7 520	7 341	76 029	13 462	5 817	6 147	5 994	224	12 438	2 319	934	552	7 946
	EI检索系统收录论文	18 505	2 480	725	446	9 477	2 302	545	651	329	22	2 576	233	1	53	723
	专著	2 505	297	124	62	1 321	473	93	110	139	3	189	21	1	21	143
专利（项次）	国外授权专利	746	132	7	29	251	40	41	40	55	5	106	37	0	1	52
	国内授权专利	23 074	2 736	873	784	11 700	2 927	854	1 244	1 619	46	2 676	766	20	47	895
获奖（项次）	国家级奖	246	70	17	19	52	3	21	23	27	1	34	5	7	0	26
	省部级奖	2 519	297	85	70	959	263	110	104	80	6	280	30	0	5	124
人才培养（人）	博士后	2 010	508	237	173	836	48	130	236	144	16	200	77	22	29	228
	博士	20 354	3 638	1 214	1 226	4 281	673	634	1 076	1 397	83	1 593	453	88	142	1 491
	硕士	47 966	4 749	1 340	1 470	13 677	6 956	1 124	1 012	1 366	61	4 212	745	23	216	1 661

注：①数据来源于项目负责人提供的结题报告。
②国际（地区）合作交流项目包括国际（地区）合作研究项目、外国青年学者研究基金项目和国际（地区）合作交流项目。
③应急管理项目统计包括专项项目和数学天元基金项目。

第二部分
PART 2

资助情况与资助项目选介

一、各类项目申请与资助统计

（一）面上项目

支持从事基础研究的科学技术人员在科学基金资助范围内自主选题，开展创新性的科学研究，促进各学科均衡、协调和可持续发展。

2022 年度面上项目申请总数 116 561 项。按四类科学问题属性进行统计，鼓励探索、突出原创的占 4.68%，聚焦前沿、独辟蹊径的占 44.27%，需求牵引、突破瓶颈的占 45.63%，共性导向、交叉融通的占 5.43%。

2022 年度面上项目申请与资助统计数据见表 2-1-1、表 2-1-2；项目负责人年龄段统计情况如图 2-1-1 所示，项目组成人员情况如图 2-1-2 所示。

表 2-1-1　2022 年度面上项目按科学部统计申请与资助情况

科学部	申请数（项）	资助数（项）	资助直接费用（万元）	平均资助强度[①]（万元/项）	资助率[②]（%）
数学物理科学部	8 566	1 927	101 120.00	52.48	22.50
化学科学部	9 428	2 035	109 870.00	53.99	21.58
生命科学部	16 701	3 189	172 230.00	54.01	19.09
地球科学部	9 826	2 140	116 580.00	54.48	21.78
工程与材料科学部	21 213	3 486	188 265.00	54.01	16.43
信息科学部	12 024	2 182	117 890.00	54.03	18.15
管理科学部	4 827	828	37 250.00	44.99	17.15
医学科学部	33 976	4 685	244 640.00	52.22	13.79
合计/平均值	116 561	20 472	1 087 845.00	53.14	17.56

注：①平均资助强度＝资助直接费用/批准资助数（下同）。

②资助率＝批准资助数/接收申请数（下同）。

表 2-1-2　2022 年度面上项目按地区统计资助情况

序　号	省、自治区、直辖市	资助数（项）	资助直接费用（万元）	序　号	省、自治区、直辖市	资助数（项）	资助直接费用（万元）
1	北　京	3 517	187 155.00	17	黑龙江	467	24 856.00
2	江　苏	2 104	111 885.00	18	江　西	95	5 018.04
3	广　东	1 999	105 648.00	19	云　南	132	7 067.00
4	上　海	2 192	115 682.00	20	吉　林	306	16 347.00
5	湖　北	1 328	70 649.00	21	甘　肃	196	10 535.00
6	浙　江	1 089	57 675.00	22	广　西	67	3 577.00
7	陕　西	1 074	57 272.00	23	贵　州	54	2 916.96
8	山　东	928	49 574.00	24	山　西	185	9 876.00
9	四　川	780	41 662.00	25	河　北	164	8 780.00
10	湖　南	701	37 153.00	26	新　疆	29	1 560.00
11	辽　宁	615	32 733.00	27	海　南	37	1 979.00
12	天　津	607	32 197.50	28	内蒙古	18	1 004.00
13	安　徽	519	27 678.00	29	宁　夏	11	590.00
14	河　南	344	18 312.50	30	青　海	2	110.00
15	重　庆	438	23 293.00	31	西　藏	2	102.00
16	福　建	472	24 958.00		合　计	20 472	1 087 845.00

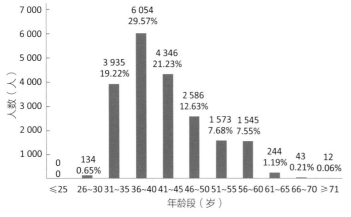

图 2-1-1　2022 年度面上项目负责人
按年龄段统计

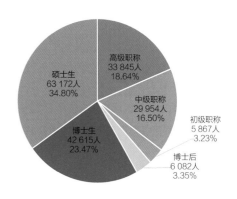

图 2-1-2　2022 年度面上项目组成人员
分布及所占比例

（二）重点项目

　　支持从事基础研究的科学技术人员针对已有较好基础的研究方向或学科生长点开展深入、系统的创新性研究，促进学科发展，推动若干重要领域或科学前沿取得突破。

2022 年度重点项目申请总数 4 337 项。按四类科学问题属性进行统计，鼓励探索、突出原创的占 4.73%，聚焦前沿、独辟蹊径的占 43.65%，需求牵引、突破瓶颈的占 47.06%，共性导向、交叉融通的占 4.57%。

2022 年度重点项目申请与资助统计数据见表 2-1-3；项目负责人年龄段统计情况如图 2-1-3 所示，项目组成人员情况如图 2-1-4 所示。

表 2-1-3 2022 年度重点项目按科学部统计申请与资助情况

科学部	申请数（项）	资助数（项）	资助直接费用（万元）	平均资助强度（万元/项）	资助率（%）
数学物理科学部	475	91	25 480.00	280.00	19.16
化学科学部	357	68	19 040.00	280.00	19.05
生命科学部	675	110	29 660.00	269.64	16.30
地球科学部	664	112	30 450.00	271.88	16.87
工程与材料科学部	819	118	31 742.00	269.00	14.41
信息科学部	385	106	30 210.00	285.00	27.53
管理科学部	121	29	5 510.00	190.00	23.97
医学科学部	841	127	33 190.00	261.34	15.10
合计/平均值	4 337	761	205 282.00	269.75	17.55

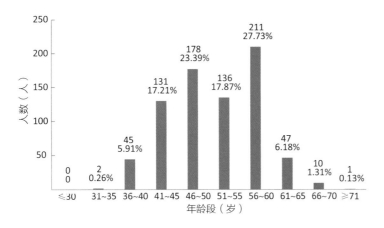

图 2-1-3 2022 年度重点项目负责人按年龄段统计

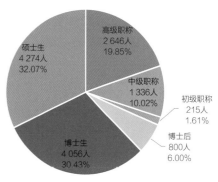

图 2-1-4 2022 年度重点项目组成人员分布及所占比例

（三）重大项目

面向科学前沿和国家经济、社会、科技发展及国家安全的重大需求中的重大科学问题，超前部署，开展多学科交叉研究和综合性研究，充分发挥支撑与引领作用，提升我国基础研究源头创新能力。

2022 年度重大项目接收申请 147 项，批准资助 55 项，总直接经费 80 126.92 万元。

2022 年度重大项目申请与资助统计数据见表 2-1-4。

表 2-1-4　2022 年度重大项目按科学部统计申请与资助情况

科学部	申请数（项）	资助数（项）	资助直接费用（万元）	平均资助强度（万元 / 项）
数学物理科学部	12	5	7 426.00	1 485.20
化学科学部	12	6	8 877.60	1 479.60
生命科学部	13	6	8 996.20	1 499.37
地球科学部	14	6	8 885.60	1 480.93
工程与材料科学部	14	9	13 383.70	1 487.08
信息科学部	17	7	9 872.26	1 410.32
管理科学部	14	4	4 793.33	1 198.33
医学科学部	26	5	7 495.00	1 499.00
交叉科学部	25	7	10 397.23	1 485.32
合计 / 平均值	147	55	80 126.92	1 456.85

（四）重大研究计划项目

围绕国家重大战略需求和重大科学前沿，加强顶层设计，凝练科学目标，凝聚优势力量，形成具有相对统一目标或方向的项目集群，促进学科交叉与融合，培养创新人才和团队，提升我国基础研究的原始创新能力，为国民经济、社会发展和国家安全提供科学支撑。

2022 年度重大研究计划项目申请与资助情况见表 2-1-5。

表 2-1-5　2022 年度重大研究计划项目申请与资助情况

序　号	重大研究计划名称	申请数（项）	资助数（项）	资助直接费用（万元）
1	大气细颗粒物的毒理与健康效应	1	1	31.90
2	碳基能源转化利用的催化科学	1	1	124.90
3	大数据驱动的管理与决策研究	1	1	111.70
4	西南河流源区径流变化和适应性利用	1	1	413.20
5	共融机器人基础理论与关键技术研究	37	4	1 500.00
6	器官衰老与器官退行性变化的机制	10	5	2 500.00
7	新型光场调控物理及应用	14	7	4 700.00
8	水圈微生物驱动地球元素循环的机制	9	7	6 650.00
9	湍流结构的生成演化及作用机理	73	12	2 400.00
10	生物大分子动态修饰与化学干预	51	9	5 400.00
11	细胞器互作网络及其功能研究	22	8	7 000.00

序　号	重大研究计划名称	申请数（项）	资助数（项）	资助直接费用（万元）
12	特提斯地球动力系统	5	4	1 946.00
13	多层次手性物质的精准构筑	19	8	4 850.00
14	西太平洋地球系统多圈层相互作用	5	4	2 400.00
15	肿瘤演进与诊疗的分子功能可视化研究	316	14	3 000.00
16	航空发动机高温材料 / 先进制造及故障诊断科学基础	3	1	500.00
17	团簇构造、功能及多级演化	202	26	3 850.00
18	战略性关键金属超常富集成矿动力学	14	6	2 300.00
19	功能基元序构的高性能材料基础研究	349	19	3 000.00
20	后摩尔时代新器件基础研究	51	13	1 933.00
21	第二代量子体系的构筑和操控	50	25	4 500.00
22	极端条件电磁能装备科学基础	76	19	3 955.00
23	未来工业互联网基础理论与关键技术	91	17	3 560.00
24	组织器官再生修复的信息解码及有序调控	357	26	3 200.00
25	冠状病毒－宿主免疫互作的全景动态机制与干预策略	126	23	2 697.00
26	可解释、可通用的下一代人工智能方法	266	32	4 094.00
27	多物理场高效飞行科学基础与调控机理	124	27	3 642.00
合　计		2 274	320	80 258.70

（五）国际（地区）合作研究项目

资助科学技术人员立足国际科学前沿，有效利用国际科技资源，本着平等合作、互利互惠、成果共享的原则开展实质性国际（地区）合作研究，以提高我国科学研究水平和国际竞争能力。国际（地区）合作研究项目包括重点国际（地区）合作研究项目和组织间国际（地区）合作研究项目。重点国际（地区）合作研究项目资助科学技术人员围绕科学基金优先资助领域、我国迫切需要发展的重要研究领域、由我国科学家组织或参与的国际大型科学研究项目或计划以及利用国际大型科学设施与境外合作者开展的国际（地区）合作研究。组织间国际（地区）合作研究项目旨在扩大双多边合作，充分利用和发挥国际科技组织在开展跨国跨境科学研究计划中的协调机制，推进中国科学家参与、筹划和开展有重要科学意义的跨国跨境的区域性研究计划，积极推进与"一带一路"沿线国家的合作及"一带一路"可持续发展国际合作科学计划的实施；重视并持续加强与港澳台地区科学家的合作和交流。

2022 年度国际（地区）合作研究项目申请与资助统计数据见表 2-1-6、表 2-1-7。

表 2-1-6　2022 年度重点国际（地区）合作研究项目按科学部统计申请与资助情况

科学部	申请数（项）	资助数（项）	资助直接费用（万元）	平均资助强度（万元/项）
数学物理科学部	15	5	1 250.00	250
化学科学部	18	5	1 290.00	258
生命科学部	68	13	3 000.00	231
地球科学部	67	10	2 400.00	240
工程与材料科学部	72	11	2 750.00	250
信息科学部	55	12	3 000.00	250
管理科学部	17	2	506.00	253
医学科学部	124	21	5 250.00	250
合计/平均值	436	79	19 446.00	246

表 2-1-7　2022 年度组织间国际（地区）合作研究项目按科学部统计申请与资助情况

科学部	申请数（项）	资助数（项）	资助直接费用（万元）	平均资助强度（万元/项）
数学物理科学部	246	31	4 065.00	131.13
化学科学部	229	19	2 709.00	142.58
生命科学部	374	51	8 639.00	169.39
地球科学部	330	36	5 762.00	160.06
工程与材料科学部	582	45	6 864.00	152.53
信息科学部	230	23	3 447.00	149.87
管理科学部	158	13	2 445.00	188.08
医学科学部	218	24	4 652.00	193.83
交叉科学部	77	8	1 754.50	219.31
合计/平均值	2 444	250	40 337.50	161.35

（六）青年科学基金项目

支持青年科学技术人员在科学基金资助范围内自主选题，开展基础研究工作，特别注重培养青年科学技术人员独立主持科研项目、进行创新研究的能力，激励青年科学技术人员的创新思维，培育基础研究后继人才。2022 年，面向港澳地区依托单位的科学技术人员试点开放青年科学基金项目申请，采用相同的资助模式和评审标准。

2022 年度青年科学基金项目接收申请 129 193 项，经专家评审，批准资助 22 262 项。实行经费包干制，总资助经费为 662 800.00 万元。

2022 年度青年科学基金项目申请与资助统计数据见表 2-1-8、表 2-1-9；项目负责人专业技术职务统计如图 2-1-5 所示，学位统计如图 2-1-6 所示。

表 2-1-8　2022 年度青年科学基金项目按科学部统计申请与资助情况

科学部	申请数（项）	资助数（项）	资助经费（万元）	资助率（%）
数学物理科学部	8 623	2 224	66 100.00	25.79
化学科学部	10 739	2 042	60 490.00	19.01
生命科学部	17 538	3 000	89 170.00	17.11
地球科学部	9 902	2 145	63 770.00	21.66
工程与材料科学部	21 985	3 822	113 880.00	17.38
信息科学部	10 976	2 634	78 370.00	24.00
管理科学部	6 972	1 075	32 140.00	15.42
医学科学部	42 458	5 320	158 880.00	12.53
合计 / 平均值	129 193	22 262	662 800.00	17.23

注：男性申请 63 115 项，资助 13 084 项；女性申请 66 078 项，资助 9 178 项。

表 2-1-9　2022 年度青年科学基金项目按地区统计申请与资助情况

序　号	省、自治区、直辖市、特别行政区	申请数（项）	资助数（项）	资助经费（万元）	资助率（%）
1	北　京	14 341	3 361	98 710.00	23.44
2	江　苏	12 679	2 384	71 230.00	18.80
3	广　东	12 474	2 365	70 090.00	18.96
4	上　海	10 842	1 972	58 390.00	18.19
5	浙　江	8 226	1 406	42 010.00	17.09
6	湖　北	6 391	1 206	36 030.00	18.87
7	山　东	8 355	1 205	36 050.00	14.42
8	陕　西	6 208	1 118	33 510.00	18.01
9	四　川	5 658	900	26 970.00	15.91
10	湖　南	4 262	777	23 240.00	18.23
11	安　徽	3 978	672	20 060.00	16.89
12	河　南	5 977	668	20 040.00	11.18
13	天　津	3 136	561	16 780.00	17.89
14	辽　宁	3 512	557	16 670.00	15.86
15	重　庆	3 163	490	14 630.00	15.49
16	福　建	2 536	387	11 510.00	15.26
17	黑龙江	1 972	373	11 180.00	18.91
18	吉　林	2 047	313	9 360.00	15.29
19	山　西	2 321	276	8 280.00	11.89
20	河　北	2 115	232	6 960.00	10.97
21	甘　肃	1 167	191	5 700.00	16.37

续　表

序　号	省、自治区、直辖市、特别行政区	申请数（项）	资助数（项）	资助经费（万元）	资助率（%）
22	江　西	1 757	181	5 430.00	10.30
23	云　南	1 126	148	4 430.00	13.14
24	广　西	1 475	125	3 740.00	8.47
25	贵　州	1 053	88	2 640.00	8.36
26	海　南	673	88	2 620.00	13.08
27	香　港	173	70	2 100.00	40.46
28	新　疆	588	50	1 500.00	8.50
29	内蒙古	518	50	1 500.00	9.65
30	宁　夏	280	31	930.00	11.07
31	青　海	164	10	300.00	6.10
32	澳　门	21	7	210.00	33.33
33	西　藏	5	0	0	0
合计 / 平均值		129 193	22 262	662 800.00	17.23

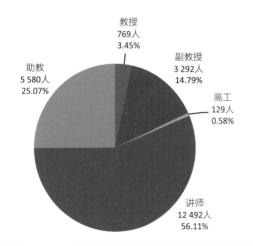

图 2-1-5　2022 年度青年科学基金项目负责人专业技术职务分布及所占比例

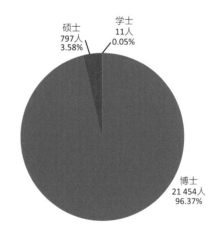

图 2-1-6　2022 年度青年科学基金项目负责人学位分布及所占比例

（七）地区科学基金项目

支持特定地区的部分依托单位的科学技术人员在科学基金资助范围内开展创新性的科学研究，培养和扶植该地区的科学技术人员，稳定和凝聚优秀人才，为区域创新体系建设与经济、社会发展服务。

2022 年度地区科学基金项目申请与资助统计数据见表 2-1-10；项目负责人年龄段统计情况如图 2-1-7 所示，项目组成人员情况如图 2-1-8 所示。

表 2-1-10　2022 年度地区科学基金项目按地区统计申请与资助情况

序号	省、自治区		申请数（项）	资助数（项）	资助直接费用（万元）	资助率（%）
1	江　西		4 631	769	25 075.00	16.61
2	云　南		3 534	509	16 585.00	14.40
3	广　西		3 633	496	16 232.00	13.65
4	贵　州		3 346	488	16 025.00	14.58
5	新　疆		2 155	295	9 678.00	13.69
6	甘　肃		1 908	243	7 972.00	12.74
7	内蒙古		1 702	229	7 444.00	13.45
8	海　南		1 121	192	6 294.00	17.13
9	宁　夏		979	125	4 081.00	12.77
10	青　海		400	59	1 931.00	14.75
11	陕　西	延安市	183	30	977.00	16.39
		榆林市	145	15	491.00	10.34
12	吉　林	延边朝鲜族自治州	191	23	752.00	12.04
13	西　藏		124	22	709.00	17.74
14	湖　南	湘西土家族苗族自治州	84	12	386.00	14.29
15	湖　北	恩施土家族苗族自治州	99	12	382.00	12.12
16	四　川	凉山彝族自治州	55	1	33.00	1.82
		甘孜藏族自治州	1	0	0	0
		阿坝藏族羌族自治州	9	1	33.00	11.11
合计 / 平均值			24 300	3 521	115 080.00	14.49

注：男性申请 15 234 项，资助 2 313 项；女性申请 9 066 项，资助 1 208 项。

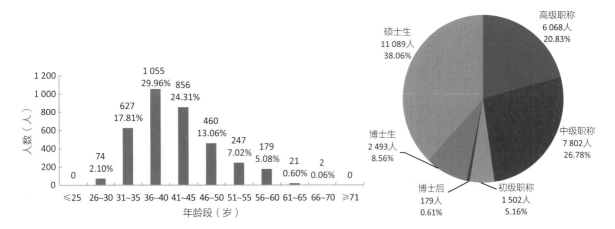

图 2-1-7　2022 年度地区科学基金项目负责人　　　　图 2-1-8　2022 年度地区科学基金项目
　　　　　按年龄段统计　　　　　　　　　　　　　　　　　组成人员分布及所占比例

（八）优秀青年科学基金项目

支持在基础研究方面已取得较好成绩的青年学者自主选择研究方向开展创新研究，促进青年科学技术人才快速成长，培养一批有望进入世界科技前沿的优秀学术骨干。

为支持香港特别行政区、澳门特别行政区科技创新发展，鼓励爱国爱港爱澳高素质科技人才参与中央财政科技计划，为建设科技强国贡献力量，2022 年继续面向港澳地区依托单位科学技术人员开放优秀青年科学基金项目（港澳）申请。

2022 年度优秀青年科学基金项目接收申请 7 099 项，经专家评审，批准资助 655 项。实行经费包干制，资助经费为 200.00 万元 / 项，总资助经费为 131 000.00 万元。

2022 年度优秀青年科学基金项目申请与资助统计数据见表 2-1-11、表 2-1-12。

表 2-1-11　2022 年度优秀青年科学基金项目按科学部统计申请与资助情况

科学部	申请数（项）	资助数（项）	资助经费（万元）
数学物理科学部	804	71	14 200.00
化学科学部	854	86	17 200.00
生命科学部	921	86	17 200.00
地球科学部	772	59	11 800.00
工程与材料科学部	1 320	110	22 000.00
信息科学部	955	90	18 000.00
管理科学部	216	22	4 400.00
医学科学部	830	76	15 200.00
交叉科学部	274	30	6 000.00
合　计	6 946	630	126 000.00

注：男性申请 5 351 项，资助 467 项；女性申请 1 595 项，资助 163 项。

表 2-1-12　2022 年度优秀青年科学基金项目（港澳）按科学部统计申请与资助情况

科学部	申请数（项）	资助数（项）	资助经费（万元）
数学物理科学部	27	5	1 000.00
化学科学部	14	2	400.00
生命科学部	17	4	800.00
地球科学部	8	2	400.00
工程与材料科学部	26	4	800.00
信息科学部	24	4	800.00
管理科学部	13	1	200.00
医学科学部	24	3	600.00
合　计	153	25	5 000.00

注：男性申请 127 项，资助 19 项；女性申请 26 项，资助 6 项。

（九）国家杰出青年科学基金项目

支持在基础研究方面已取得突出成绩的青年学者自主选择研究方向开展创新研究，促进青年科学技术人才的成长，吸引海外人才，培养和造就一批进入世界科技前沿的优秀学术带头人。

2022 年度共有 4 612 名青年学者申请国家杰出青年科学基金项目，经专家评审，415 人获得资助。实行经费包干制，资助经费为 400.00 万元 / 项（数学和管理科学为 280.00 万元 / 项），总资助经费为 162 880.00 万元。

2022 年度国家杰出青年科学基金项目申请与资助统计数据见表 2-1-13。

表 2-1-13　2022 年度国家杰出青年科学基金项目按科学部统计申请与资助情况

科学部	申请数（项）	资助数（项）	资助经费（万元）
数学物理科学部	561	50	18 440.00
化学科学部	610	55	22 000.00
生命科学部	557	50	20 000.00
地球科学部	468	42	16 800.00
工程与材料科学部	831	75	30 000.00
信息科学部	581	52	20 800.00
管理科学部	139	13	3 640.00
医学科学部	547	50	20 000.00
交叉科学部	318	28	11 200.00
合　计	4 612	415	162 880.00

注：男性申请 4 057 项，资助 359 项；女性申请 555 项，资助 56 项。

（十）创新研究群体项目

支持优秀中青年科学家为学术带头人和研究骨干，共同围绕一个重要研究方向合作开展创新研究，培养和造就在国际科学前沿占有一席之地的研究群体。

2022 年度创新研究群体项目接收申请 333 项，经专家评审，批准资助 43 项，直接费用为 1 000.00 万元 / 项（数学和管理科学直接费用为 800.00 万元 / 项），总直接费用 42 400.00 万元，间接费用为 200.00 万元 / 项。

2022 年度创新研究群体项目申请与资助统计数据见表 2-1-14。

表 2-1-14　2022 年度创新研究群体项目按科学部统计申请与资助情况

科学部	申请数（项）	资助数（项）	资助直接费用（万元）
数学物理科学部	36	5	4 800.00
化学科学部	36	5	5 000.00
生命科学部	31	5	5 000.00
地球科学部	44	5	5 000.00
工程与材料科学部	54	6	6 000.00
信息科学部	48	5	5 000.00
管理科学部	9	2	1 600.00
医学科学部	37	5	5 000.00
交叉科学部	38	5	5 000.00
合　计	333	43	42 400.00

（十一）联合基金项目

多元投入取得新进展。多元投入机制初步建成，2022 年度联合基金共吸引委外资金 25.145 亿元，自然科学基金委匹配 7.985 亿元，各方共投入 33.13 亿元。积极探索科学基金接收社会和个人捐赠可行方式。

2022 年度联合基金项目申请与资助情况见表 2-1-15。

表 2-1-15　2022 年度联合基金项目申请与资助情况

序号	联合基金名称	申请数（项）	资助数（项）	资助直接费用（万元）
1	区域创新发展联合基金	2 585	629	167 653.00
2	企业创新发展联合基金	676	161	50 370.00
3	NSAF 联合基金	199	43	7 220.00
4	民航联合研究基金	83	18	3 780.00
5	"叶企孙"科学基金	386	90	23 311.00
6	气象联合基金	64	14	3 704.00
7	铁路基础研究联合基金	61	17	4 099.00
8	地质联合基金	150	30	7 408.00
9	黄河水科学研究联合基金	132	22	6 317.00
10	地震科学联合基金	41	9	2 520.00
11	核技术创新联合基金	85	21	5 871.00
12	NSFC-云南联合基金	278	21	4 914.00
	合　计	4 740	1 075	287 167.00

（十二）国家重大科研仪器研制项目

面向科学前沿和国家需求，以科学目标为导向，资助对促进科学发展、探索自然规律和开拓研究领域具有重要作用的原创性科研仪器与核心部件的研制，以提升我国的原始创新能力。

2022年度国家重大科研仪器研制项目（自由申请）接收申请642项，共资助76项，资助直接费用62 955.72万元，直接费用平均资助强度为828.36万元/项；国家重大科研仪器研制项目（部门推荐）推荐51项，共资助5项，资助直接费用42 369.88万元，直接费用平均资助强度为8 473.98万元/项。

2022年度国家重大科研仪器研制项目（自由申请）申请与资助统计数据见表2-1-16。

表2-1-16　2022年度国家重大科研仪器研制项目（自由申请）按科学部统计申请与资助情况

科学部	申请数（项）	资助数（项）	资助直接费用（万元）	平均资助强度（万元/项）
数学物理科学部	102	10	8 294.26	829.43
化学科学部	72	12	10 057.29	838.11
生命科学部	27	2	1 592.00	796.00
地球科学部	74	6	4 703.71	783.95
工程与材料科学部	117	15	12 406.33	827.09
信息科学部	177	23	19 062.34	828.80
医学科学部	73	8	6 839.79	854.97
合计/平均值	642	76	62 955.72	828.36

（十三）基础科学中心项目

旨在集中和整合国内优势科研资源，瞄准国际科学前沿，超前部署，充分发挥科学基金制的优势和特色，依靠高水平学术带头人，吸引和凝聚优秀科技人才，着力推动学科深度交叉融合，相对长期稳定地支持科研人员潜心研究和探索，致力于科学前沿突破，产出一批国际领先水平的原创成果，抢占国际科学发展的制高点，形成若干具有重要国际影响的学术高地。

2022年度基础科学中心项目接收申请71项，经专家评审，批准资助16项，总直接费用94 000.00万元。

2022年度基础科学中心项目申请与资助统计数据见表2-1-17。

2022年起，开展基础科学中心项目延续资助工作。2016年批准的3项基础科学中心项目全部获得延续资助，总直接费用17 000.00万元。

表 2-1-17　2022 年度基础科学中心项目按科学部统计申请与资助情况

科学部	申请数（项）	资助数（项）	资助直接费用（万元）
数学物理科学部	8	2	11 000.00
化学科学部	6	2	12 000.00
生命科学部	5	2	12 000.00
地球科学部	5	1	6 000.00
工程与材料科学部	15	2	12 000.00
信息科学部	4	2	12 000.00
管理科学部	6	1	5 000.00
医学科学部	7	2	12 000.00
交叉科学部	15	2	12 000.00
合　计	71	16	94 000.00

（十四）专项项目

支持需要及时资助的创新研究，以及与国家自然科学基金发展相关的科技活动等。专项项目分为研究项目、科技活动项目、原创探索计划项目和科技管理专项项目。其中，研究项目用于资助及时落实国家经济社会与科学技术等领域战略部署的研究，重大突发事件中涉及的关键科学问题的研究，以及需要及时资助的创新性强、有发展潜力的、涉及前沿科学问题的研究。

科技活动项目用于资助与国家自然科学基金发展相关的战略与管理研究、学术交流、科学传播、平台建设等活动。

原创探索计划项目资助科研人员提出原创学术思想、开展探索性与风险性强的原创性基础研究工作，如提出新理论、新方法和揭示新规律等，旨在培育或产出从无到有的引领性原创成果，解决科学难题，引领研究方向或开拓研究领域，为推动我国基础研究高质量发展提供源头供给。

2022 年度专项项目资助统计数据见表 2-1-18。

表 2-1-18　2022 年度专项项目按项目类别统计资助情况

序　号	项目类别		资助数（项）	资助直接费用（万元）
1	研究项目	科学部综合研究项目	369	53 016.00
		管理学部应急管理项目	43	903.00
		理论物理专款研究项目	87	5 338.00
2	科技活动项目	科学部综合科技活动项目	237	3 373.72
		理论物理专款科技活动项目	15	662.00
		共享航次计划科学考察项目	15	6 000.00
		局室委托任务及软课题	74	3 486.00
		扶贫工作专款	5	150.00
3	原创探索计划项目	指南引导类原创探索计划项目	49	14 401.00
		专家推荐类原创探索计划项目	60	10 456.00
		原创探索计划项目延续资助	16	3 635.00
合　计			970	101 420.72

（十五）数学天元基金项目

为凝聚数学家集体智慧，探索符合数学特点和发展规律的资助方式，推动建设数学强国而设立的专项基金。数学天元基金项目支持科学技术人员结合数学学科特点和需求，开展科学研究，培育青年人才，促进学术交流，优化研究环境，传播数学文化，从而提升中国数学创新能力。

2022 年度数学天元基金项目接收申请 330 项，共资助 95 项，资助直接费用 6 000.00 万元，直接费用平均资助强度为 63.16 万元 / 项。

（十六）外国学者研究基金项目

支持自愿来华开展研究工作的外国优秀科研人员，在国家自然科学基金资助范围内自主选题，在中国境内开展基础研究工作，促进外国学者与中国学者之间开展长期、稳定的学术合作和交流。外国学者研究基金项目包括外国青年学者研究基金项目、外国优秀青年学者研究基金项目和外国资深学者研究基金项目三个层次。

2022 年度外国学者研究基金项目申请与资助统计数据见表 2-1-19。

表 2-1-19　2022 年度外国学者研究基金项目按科学部统计申请与资助情况

科学部	外国青年学者研究基金项目			外国优秀青年学者研究基金项目			外国资深学者研究基金项目			外国资深学者导向性团队试点项目			合计		
	申请数（项）	资助数（项）	资助直接费用（万元）	申请数（项）	资助数（项）	资助直接费用（万元）	申请数（项）	资助数（项）	资助直接费用（万元）	申请数（项）	资助数（项）	资助直接费用（万元）	申请数（项）	资助数（项）	资助直接费用（万元）
数学物理科学部	92	24	671.00	71	10	714.00	60	8	1 252.00	13	2	740.00	236	44	3 377.00
化学科学部	113	18	516.00	58	7	520.00	41	5	800.00	29	2	740.00	241	32	2 576.00
生命科学部	215	42	1 330.00	76	9	635.61	94	12	1 920.00	24	1	370.00	409	64	4 255.61
地球科学部	69	16	480.00	31	3	187.00	33	5	800.00	6	1	370.00	139	25	1 837.00
工程与材料科学部	181	29	819.00	71	9	640.00	56	7	1 120.00	16	2	740.00	324	47	3 319.00
信息科学部	85	9	275.00	37	3	240.00	50	6	960.00	13	1	370.00	185	19	1 845.00
管理科学部	112	6	169.00	29	3	170.00	28	3	388.00	9	1	367.00	178	13	1 094.00
医学科学部	43	3	80.00	27	4	316.00	70	9	1 440.00	24	1	370.00	164	17	2 206.00
交叉科学部	56	3	100.00	23	1	80.00	35	5	720.00	15	2	740.00	129	11	1 640.00
合计	966	150	4 440.00	423	49	3 502.61	467	60	9 400.00	149	13	4 807.00	2 005	272	22 149.61

（十七）国际（地区）合作交流项目

在组织间协议框架下，鼓励科学基金项目承担者在项目实施期间开展广泛的国际（地区）合作交流活动，加快在研科学基金项目在提高创新能力、人才培养、推动学科发展等方面的进程，提高在研科学基金项目的完成质量。项目承担者通过以人员互访为主的合作交流活动、在境内举办双（多）边会议以及出国（境）参加双（多）边会议，增加对国际学术前沿的了解，提高国际视野，建立和深化国内外同行间的合作关系，为今后开展更广泛、更深入的国际合作奠定良好基础，同时加强科学基金研究成果的宣传，增强我国科学研究的国际影响力。

2022 年度国际（地区）合作交流项目申请与资助统计数据见表 2-1-20。

表 2-1-20　2022 年度国际（地区）合作交流项目按合作交流活动统计申请与资助情况

序号	合作交流活动	申请数（项）	资助数（项）	资助直接费用（万元）	平均资助强度（万元/项）
1	合作交流	1 280	214	8 999.20	42.05
2	出国（境）参加双（多）边会议	33	14	96.70	6.90
3	在境内举办双（多）边会议	82	20	306.40	15.32

二、重大研究计划选介

关键金属冶金的科学基础

"关键金属冶金的科学基础"重大研究计划于 2022 年批准，周期 8 年，资助直接经费 2 亿元。

关键金属（critical metals）供应安全备受关注，尤其是支撑清洁能源、电子信息产业发展的锂、镍、钴等关键金属，近年来需求急剧增长，供应缺口巨大，成为大国竞争的焦点。该重大研究计划面向基础原材料安全保障的国家重大战略需求，以清洁能源、电子信息领域关键金属冶金为重点，建立关键金属超常富集－超纯制备的冶金学体系（图 2-2-1）；突破大宗金属冶金"三高一强"（高温、高压、高浓度、强烈搅拌）反应，形成以强选择性为特征的冶金反应；揭示关键金属超常富集－超纯制备的基本原理与方法，推进冶金反应过程强化与高纯金属（合金）导向的冶金过程变革，形成关键金属冶金原始创新能力。

拟解决关键科学问题：

（1）关键金属元素稀有／稀散赋存与超常富集机制。揭示关键金属元素的稀有／稀散赋存及其化学亲和性，富集矿物学原理及其定向富集动力学，关键金属元素多熔盐分离与超常富集机制。

（2）相似元素深度分离及其动力学。基于"反应性－选择性"原理、分子识别机制，以及电化学能斯特放大效应等理论，分析相似元素分离的动力学过程，构建"弱作用强选择"的深度分离体系，实现目标关键金属的选择性还原和分离。

（3）关键金属冶金的杂质迁移行为及过程调控。揭示超常富集和相似分离的相变过程与组织遗传规律，阐明杂质元素脱除及其超净化过程机制，建立关键金属基础原材料与加工过程的组织调控方法。

总体科学目标是建立高纯金属导向的关键金属冶金理论与体系。形成关键金属冶金的基础理论，推进关键金属冶金工艺与产业升级，助力关键金属制备与战略资源开发，解决复杂资源的超常富集与分离利用问题，建立新能源与电子用关键金属的超纯制备，实现超纯关键金属材料的自主生产与供应，推进基础原材料的供应链保障与安全。

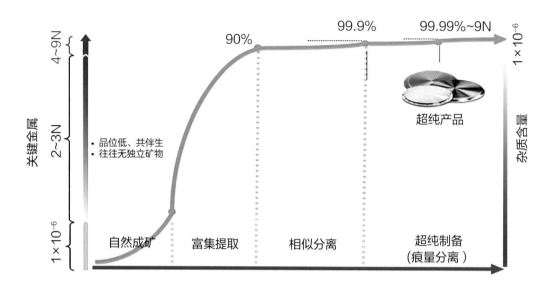

图 2-2-1　关键金属冶金过程及特征

集成芯片前沿技术科学基础

"集成芯片前沿技术科学基础"重大研究计划于 2022 年批准，周期 8 年，资助直接经费 2 亿元。

集成芯片是将若干预制好的、具有特定功能的芯粒（chiplet）按照应用需求，通过半导体集成技术形成的芯片系统，是一条不同于尺寸微缩的集成电路发展新路径。该重大研究计划面向我国数字经济产业对高性能芯片日益迫切的需求，针对美国对我国自主集成电路产业的发展限制，提出基于集成芯片发展出一种不单纯依赖先进工艺，可用自主工艺研制高性能芯片的新范式。通过"功能分解""组合设计""物理集成"三个流程，实现更大规模和更多种类芯粒的集成芯片（图 2-2-2）。针对芯粒集成度大幅提升后带来的全新问题，该重大研究计划将聚焦集成芯片设计中的数理基础和设计方法，期望带动我国芯片产业实现突破性发展。

拟解决核心科学问题：

（1）芯粒的数学描述和组合优化理论。探索新的数学手段刻画芯粒作为基础组件构建复杂功能的分解组合过程，建立高性能芯片系统在芯粒尺度的最优分解理论，定义高性能、高复用率的芯粒库的数学抽象。

（2）大规模芯粒并行架构和设计自动化。探索多芯粒互连的可扩展体系架构，突破核级并行度的结构制约；发展 2.5D/3D 集成芯片的跨层次设计方法与自动化（electronic design automation，EDA）技术，避免出现芯片设计复杂度随规模呈几何级数增加的问题。

（3）芯粒尺度的多物理场耦合机制与界面理论。厘清三维堆叠芯粒集成后形成的复杂界面的电—热—力场间耦合机制，建立能够准确预测芯粒尺度电磁场、热传导和应力翘曲的高效计算技术，突破多光罩三维集成工艺、大功率热管理技术及其容错设计。

总体科学目标是瞄准集成电路和高性能芯片的国家重大需求，提出集成芯片的发展新路径，发展集成芯片数学基础理论、芯粒集成的多物理场理论和仿真方法、多芯粒并行体系结构、集成芯片的自动化设计等，取得一系列集成芯片原创性成果，牵引学科深度融合与产业协同创新发展，形成自主工艺下高性能芯片设计的新范式，为我国未来集成电路产业发展提供关键理论、方法、技术和人才队伍储备，为突破我国目前高性能芯片的"卡脖子"困境提供有力支撑。

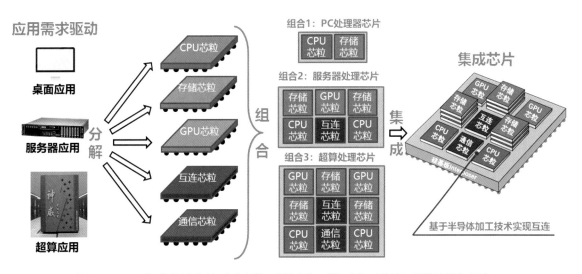

图 2-2-2　集成芯片中的"分解""组合""集成"（以处理器芯片为例）

超越传统的电池体系

"超越传统的电池体系"重大研究计划于 2022 年批准，周期 8 年，资助直接经费 2 亿元。

电池（化学电源）是实现化学能和电能储存转换的装置，主要包括原电池（一次电池）、蓄电池（二次电池或可充电电池）和燃料电池。电池在电子产品、电动汽车、储能电站、无人机、空天地海科学探测等领域具有广泛应用，是现代能源体系的重要组成部分。该重大研究计划面向"双碳"战略和国家安全的重大需求，针对电池在资源、能量密度、功率密度、安全性、环境适应性等方面面临的巨大挑战，提出了超越传统电池体系的新思路（图 2-2-3），预期在低成本、高安全储能电池与长续航、宽温域动力电池等领域，获得能量密度＞1 000（W·h）/kg、循环寿命大于 10 000 次、环境适应性达到 − 80 ～ 80℃等性能的重大突破，为我国太瓦时级规模储能、超长续航电动交通、极端条件装备动力等提供科技支撑。

拟解决核心科学问题：

（1）解析多场耦合下的电子、离子、分子输运规律。修正、拓展传统电池热力学与动力学理论，建立能综合考虑多物理场（电、力、热）耦合的动态复杂界面理论。

（2）厘清跨尺度、多结构的能量 − 物质传递与转化规律。阐明多相复杂微环境中活性位点的协同反应机制和构效关系，建立电池体系失效机制的宏观、介观和微观多结构演变机制，分析电池全生命周期碳足迹，构建相关碳汇模型。

（3）阐明带电界面的作用机制与调控策略。创制超越传统的电池新材料，深入认识电池内部表界面作用机制，提升多电子反应的离子 / 电子传输速率，揭示电解质与电极材料表界面的相互作用及反应规律。

总体科学目标是瞄准储能电池与动力电池领域的国家重大需求，突破传统电池体系的理论极限，在以下四个方面实现超越：

（1）开创多孔、动态、浓溶液下的复杂界面理论，取代现有基于平板、静态、稀溶液的简单模型。

（2）提出开放式固态金属沉积 − 溶解机制。

（3）创制钠 − 有机材料体系取代锂 − 无机氧化物。

（4）建立基于大科学装置、数据驱动和全生命周期碳足迹的研究新范式，取代现有非工况表征与试错模式。

通过理论、机制、材料、范式等创新，采用多学科交叉融合手段，打通资源提取—材料创制—体系设计—电池管理—回收利用的创新全链条，获得前瞻性基础研究原创成果的重大突破，勇闯电池科技创新"无人区"，服务我国"双碳"目标以及国家重大工程，实现我国高水平科技自立自强。

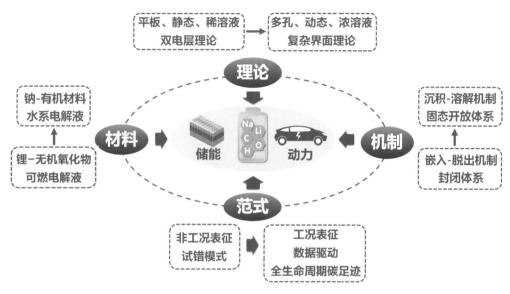

图 2-2-3 超越传统的电池体系思路

免疫力数字解码计划

"免疫力数字解码计划"重大研究计划于 2022 年批准，周期 8 年，资助直接经费 2 亿元。

免疫力是机体通过免疫系统确保其正常运行的安全力量，是抵御病原体入侵、应对危害和维持稳态的能力总和。T/B 淋巴细胞作为免疫力的核心部分，其变化的基础是在一个巨大受体分子的一个狭窄区域存在 A、T、G、C 四种碱基的高度可变组合，类型可达万亿种，这些变化记录了生命过程中的重大生理和病理改变。当前生物高技术已能实现对免疫多样性的信息采集和数字呈现。解码免疫力计划能破译肿瘤等重大疾病及其不同阶段免疫多样性密码的内涵，为疾病诊疗提供全新的解决方案。由于免疫感知是疾病发生的最早期信号，因此捕获重大疾病发生的免疫信号，在时间上可能早于当前临床上磁共振、CT 对器质性病变的检测，可为临床诊疗技术的变革提供原理创新。

拟解决核心科学问题：

（1）如何量化评价机体免疫力。通过测序能够捕获海量免疫特征数据，对其深度解读需要从数以亿计的多重免疫特征分子中对个体的免疫特征进行建模分析，从而对个体免疫力进行评估和可视化呈现，同时通过模型输出的量化指标反映其健康状态。如何从复杂的免疫特征分子变化中辨识其本质变化规律，通过人工智能等数字化建模方式构建准确、有效的免疫力刻画技术群是需要解决的关键问题。

（2）如何识别疾病早期异常免疫力信号。重大疾病在早期常具有隐蔽性，难以通过传统手段发现和识别，而免疫系统能够在疾病发生早期做出免疫应答反应。通过对个体免疫力特征进行精准刻画和深度解析，可实现对疾病早期免疫应答信号的辨识和解析，并在器质性病变产生前识别疾病早期信号，为重大疾病的早期预警提供颠覆性技术支撑。

（3）免疫力特征如何决定疾病发生与发展。免疫力与肿瘤、自身免疫性疾病、感染等重大疾病的发生和发展密切相关，基于深度学习等方法对个体免疫力特征进行刻画，解码免疫分子多样性特征如何影响这些疾病的发生发展，有望从全新的研究视角解读个体免疫力多样性与重大疾病发生发展的内在联系，揭示疾病的本质调控规律。

（4）如何从免疫力维度刻画个体年龄和健康状况。不同个体衰老的速度不同，人体时序年龄并不能准确反映其生理年龄。免疫系统的衰老是机体衰老的根本，人体衰老的过程也是免疫力不断衰退的过程。因此，通过开发免疫力深度解析和数字呈现等技术，精准判读个体"免疫年龄"，将有助于实现对个体衰老进程的准确判断。

总体科学目标是建立高质量的标准化免疫力大数据集，样本涵盖健康人群、多种疾病人群等，数据类型包括免疫多样性、单细胞数据和临床数据等。在免疫力大数据基础上，通过数学和人工智能算法建立人群免疫力特征图谱，解读免疫图谱与重大疾病的关联，建立基于免疫力的疾病风险预警技术、免疫力可视化技术和免疫力年龄测定技术等，建立免疫力档案，形成临床疾病预警、预后评估和个性化医疗及健康管理新范式（图 2-2-4）。

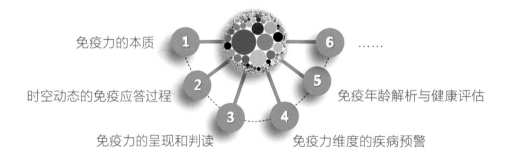

图 2-2-4　免疫力数字解码计划研究方向示意

第三部分
PART 3

2022 年优秀资助成果巡礼

机器学习的数学理论及科学应用研究

在国家自然科学基金（重大研究计划项目 91130005、91530322）的资助下，北京大学鄂维南教授在机器学习的数学理论及科学应用研究方面取得了重大进展。

2015—2016 年，鄂维南率先意识到深度神经网络的核心是提供一个有效逼近高维函数的一般性解决方案。在此基础上，鄂维南开展了以下三个方面的研究。第一，神经网络的基础理论。主要研究目的是建立高维函数的逼近理论和神经网络的泛化误差分析。第二，高维科学计算问题的有效算法。2016 年，鄂维南和韩劼群提出了针对高维随机控制问题的基于深度学习的算法，这是国际上第一个基于深度学习的解决高维科学计算问题的方法。2017 年，鄂维南和合作者一起提出了第一个解高维微分方程的深度学习方法。第三，鄂维南在国际上最早提出"AI for Science"的概念并系统推进了 AI for Science 在化学、材料科学、生物学、流体力学等多个领域的发展。

鄂维南是将机器学习系统应用到多尺度模型方面的先驱者。他和他的合作者在量子多体问题、密度泛函理论、分子动力学、动理学方程、连续介质力学等多个领域所做的工作都是开创性的。鄂维南领导开发的深度势能分子动力学模型已经被化学、物理学、材料科学、生物学等多个领域的学者广泛应用（图 3-1-1）。在量子多体问题方面，鄂维南和合作者最早研究多电子问题并提出了 DeePWF 算法。在密度泛函理论方面，鄂维南和合作者发展了 DeePKS 方法。在几乎所有的基础物理模型层面，鄂维南和合作者都做出了一些开创性的工作。

鄂维南因其"在应用数学领域，特别在机器学习算法的分析和应用、多尺度建模、稀

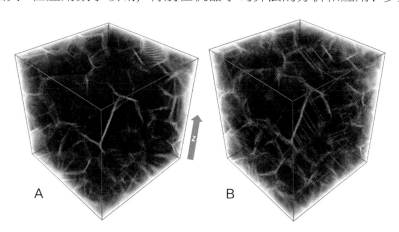

图 3-1-1　深度势能分子动力学模拟在材料科学中的应用举例：64 个铜纳米晶粒组成的
10 401 218 个原子体系的 DeePMD 模拟，该模拟具有第一性原理精度

A. 没有外加力；B. 沿 z 轴施加了 10% 的拉伸变形，可以清晰地看到晶界和堆垛层错

有事件建模和随机偏微分方程方面的开创性贡献"荣获 2023 年国际工业与应用数学联合会麦克斯韦奖（The Maxwell Prize）。2022 年 7 月，鄂维南受邀在 2022 年国际数学家大会（The International Congress of Mathematicians 2022，ICM 2022）上作 1 小时大会报告；并在第 39 届国际机器学习大会（The Thirty-ninth International Conference on Machine Learning，ICML 2022）上作开场特邀报告。

激波诱导流体界面不稳定性的调控研究

在国家自然科学基金（国家杰出青年科学基金项目 11625211、重大研究计划项目 91952205）等的资助下，中国科学技术大学罗喜胜教授团队研究发现激波诱导的气层失稳呈现了与经典 Richtmyer-Meshkov（RM）不稳定性的不同，揭示了构成气层的多道界面之间的耦合以及气层内的反射波系对不稳定性的影响，提出通过调控界面耦合强度和气层内的波系来实现对流体界面不稳定性的有效控制。相关研究成果系列论文发表在流体力学期刊 *Journal of Fluid Mechanics* 上。

当具有初始扰动的流体界面受激波冲击后，界面上的扰动不断增长，并在演化的后期诱发湍流混合，这种复杂的界面失稳现象被称为 RM 不稳定性。RM 不稳定性一方面涉及激波动力学、湍流混合等重大科学问题，另一方面在惯性约束核聚变（inertial confinement fusion，ICF）、超燃冲压发动机、天体物理等领域有着广泛而重要的应用背景，特别在含多道物质界面的 ICF 中，RM 不稳定性诱导的湍流混合被认为是导致聚变反应启动失败的两大物理难题之一。因此，对激波诱导多道界面不稳定性的调控具有重要的学术意义和应用价值。

激波管实验作为研究 RM 不稳定性的有效手段之一，可以提供准确的流场演化数据。然而，由于 RM 不稳定性对初始条件极其敏感，因此可控的初始界面的产生成为关键技术瓶颈。研究人员采用约束肥皂膜技术产生初始条件可控的气体界面，在激波管中实验研究了激波诱导双气层、单气层和单界面演化特征（图 3-1-2），基于线性稳定性分析量化了界面耦合效应，根据气体动力学量化了气层内反射波的影响。

接着，研究人员进一步形成了初始扰动和厚度可控的任意气体组合的气层，开展了一系列的激波驱动多种气体组合的气层实验研究（图 3-1-3）。研究结果表明，通过主动设计气层厚度和选择气层内外气体的种类，可以有效调控界面不稳定性，从而为 ICF 靶丸设计提出有益建议。

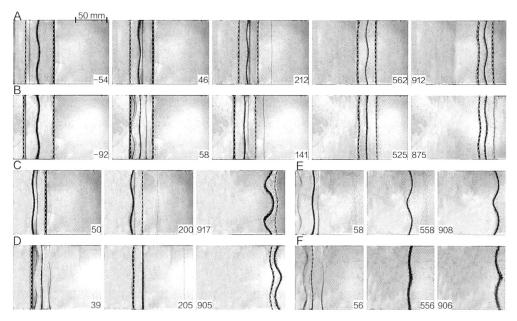

图 3-1-2　激波诱导界面演化纹影图（数字代表时间，单位为 μs）

A、B. 双气层；C、D. 单气层；E、F. 单界面

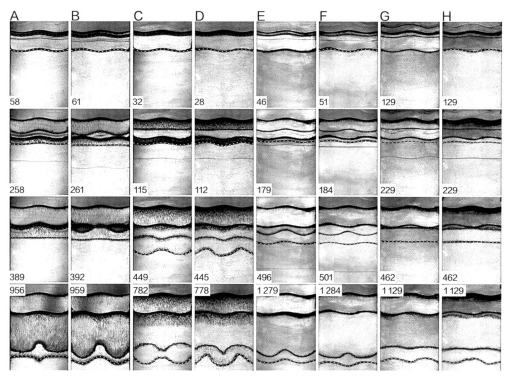

图 3-1-3　激波诱导气层演化纹影图（数字代表时间，单位为 μs）

A、B. 重气层；C、D. 轻气层；E、F. 轻 / 中 / 重气层；G、H. 重 / 中 / 轻气层

FAST 精细刻画射频宇宙偏振特性研究

在国家自然科学基金（基础科学中心项目 11988101、专项项目 12041304、国家杰出青年科学基金项目 11725313 等）的资助下，中国科学院国家天文台、北京大学等多个研究团队协同合作，依托国家大科学装置"500 米口径球面射电望远镜"（Five-hundred-meter Aperture Spherical Radio Telescope，FAST，中国天眼），精细刻画了射频宇宙的偏振特征。

中国科学院国家天文台李菂研究员提出了世界首创的脉冲星、中性氢同时大型巡天模式，倍增了 FAST 巡天效率。基于此原创技术的"多科学目标同时扫描巡天"（Commensal Radio Astronomy FAST Survey，CRAFTS）项目得到了 FAST 科学委员会批准，成为首批优先重大项目之一。CRAFTS 发现了世界首例持续活跃的快速射电暴（fast radio burst，FRB）FRB 20190520B，在所有已知重复暴源中拥有最大的环境电子密度（图 3-1-4），有效推进了 FRB 多波段刻画（图 3-1-5）。相关研究成果论文于 2022 年 6 月在 *Nature* 上发表。北京大学李柯伽教授团队及 FAST 快速射电暴优先和重大项目团队使用 FAST 开展了对 FRB 20201124A 的观测，获得了迄今最大的 FRB 偏振样本，并首次探测到 FRB 局域周边环境的磁场变化。该成果于 2022 年 9 月在 *Nature* 上发表。利用以上 FAST 系统观测获得的数据集

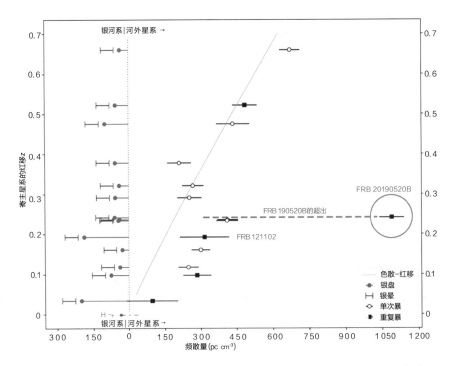

图 3-1-4　FRB 的色散与红移关系（又被称为"Macquart relation"）

图中横坐标和纵坐标分别为 FRB 的频散量和寄主星系红移。FRB 20190520B 的环境电子贡献使得其远远偏离 Macquart relation，可能代表一类特殊的 FRB 或者 FRB 演化的早期阶段。

结合其他国际大型设备的结果，中国科学院国家天文台博士生冯毅（现之江实验室研究员）首次提出了解释重复 FRB 偏振频率演化的统一机制，对确定 FRB 核心物理过程迈出了关键一步（图 3-1-5）。相关研究成果于 2022 年 3 月在 *Science* 上发表。

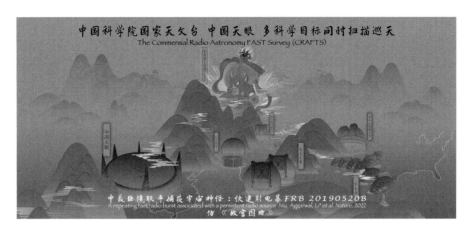

图 3-1-5　多波段观测 FRB 20190520B 的艺术概念图

雷公代表起源未知的快速射电暴 FRB 20190520B，其发射的信号基于 FAST 探测到的真实脉冲绘制。文中使用的设备分别坐落于中国、美国夏威夷岛和美国本土。

这一系列工作验证了 FAST 偏振探测的优势，并被进一步推广到星际磁场测量工作中。利用自主命名的中性氢窄线自吸收（HI Narrow Self-Absorption，HINSA）方法，该研究团队使用 FAST 首次以 HINSA 这一原子手段测量到分子云的星际磁场强度，为解决恒星形成经典"磁通量"难题奠定了基础。相关研究成果于 2022 年 1 月以 *Nature* 封面文章形式发表，并被同行专家称为"极其重要"（*Nature* 特邀评述）和具备"革命性"（*Science* 报道）。

材料基因实验技术揭示高温超导普适物理规律研究

高温超导微观机制是凝聚态物理最具挑战性的科学难题之一。高温超导电性被外场破坏后，材料会展现出电阻率随温度线性变化（从高温延伸至接近绝对零度）等"奇异金属"行为。10 年前，人们发现奇异金属正常态与高温超导之间存在着密切联系，探究两者间量化物理规律是揭示高温超导微观机制的重要路径之一。然而高温超导材料组成结构复杂，传统的合成与表征手段已难以获得足够数量的高精度数据，推进定性到定量的认识过程极具挑战，因此亟须发展变革性实验技术来实现对单一变量的高效、高精度控制。在国家自然科学基金（国家重大科研仪器研制项目 11927808、基础科学中心项目 11888101、重点项目 11834016）等的资助下，中国科学院物理研究所超导室金魁研究员团队、理论室胡江平研究员团队与合作者利用材料基因工程实验技术，在高温超导物理规律研究方面取得了重要进展，主要创新成果如下：

（1）发展了材料基因工程连续组分单晶薄膜实验技术，在 1cm^2 的 SrTiO$_3$ 单晶衬底上实现精细的元素配比调控，成功制备出具有单晶品质、化学组分连续变化的高温超导 La$_{2-x}$Ce$_x$CuO$_4$ 薄膜（$0.10 \leq x \leq 0.19$）（图 3-1-6A）。

（2）结合跨尺度表征技术（图 3-1-6B），将物性分辨率提升两个数量级（从 10^{-2} 至 10^{-4}），首次揭示了奇异金属线性电阻斜率 A_1 与超导转变温度 T_c 之间的量化规律，即 $A_1^{0.5} \propto T_c$（图 3-1-6C），且该规律对多类非常规超导体适用。

以上研究成果以 "Scaling of the Strange-Metal Scattering in Unconventional Superconductors" 为题，于 2022 年 2 月 16 日在 *Nature* 上发表。该研究是材料基因工程新科研范式与高温超导研究深度交叉融合的典型案例，领域专家评价其为"绝技"，并且"为接下来验证微观模型提供了关键经验、规律"。在该研究基础上，金魁团队还通过离子液体调控技术实现了另一变量（载流电荷）的连续调控，证实 $A_1^{0.5} \propto T_c$ 对铁硒基超导体同样成立，表明高温超导与奇异金属态这两大谜题具有共同驱动因素；同时，将连续化学组分薄膜技术推广至第二类高温超导 Fe(Se, Te) 体系，快速获得其精细相图（2022 年 6 月 18 日发表于 *Science Bulletin*）。

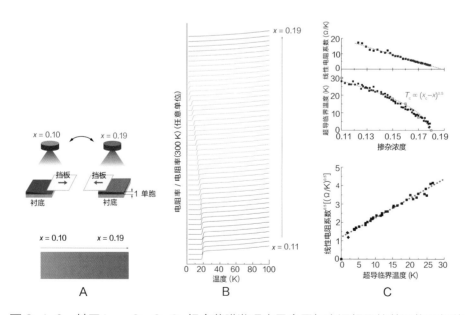

图 3-1-6　基于 La$_{2-x}$Ce$_x$CuO$_4$ 组合薄膜发现奇异金属与高温超导的普适物理规律

A. 连续组分单晶薄膜制备示意；B. 不同浓度对应电阻率随温度变化曲线；
C. 超导转变温度（T_c）、线性电阻斜率（A_1）和掺杂浓度（x）之间的定量化关系

谐振超表面手性辐射研究

当代光学主要研究目标之一是以超紧凑形式高效操纵光场。圆偏振光源作为经典与量子光学信息处理领域不可或缺的组成部分，具有重要的科学价值。基于手性材料与手性谐振腔的传统圆偏振光源一般都为宽带的非相干辐射，存在辐射角度大、圆偏振度低等缺点；而手性微纳激光仅工作在特定功率范围，且存在阈值下手性度过低的问题。在国家自然科学基金（国家杰出青年科学基金项目 12025402、62125501，重点项目 11934012）等的资助下，哈尔滨工业大学宋清海教授团队与澳大利亚国立大学 Yuri Kivshar 教授合作，在手性光辐射产生方面取得了重要研究进展。该研究团队利用连续域中束缚态的物理特性，实现了高纯度、高方向性、高品质因子的手性荧光与手性激光。该研究的主要创新点如下：

（1）理论研究了连续域中束缚态模式的动量空间偏振奇点在不同对称性下的演化行为（图 3-1-7A—C）。发现了面内和面外对称性对动量空间偏振结构的操控规律，通过改变结构张角与倾斜度实现了对半整数拓扑荷偏振奇点位置的自由控制，获得了具有最大本征手性的谐振模式。

（2）开发了高精度倾斜氧化钛纳米结构反应离子刻蚀工艺。倾斜角在 0°～45° 自由可控，角度偏差小于 ±0.5°。基于该工艺制作了同时具有面内、面外两种非对称性的超表面（图 3-1-7D），在可见光波段实现了圆二色性高达 0.925±0.03、品质因子超过 1 000 的手性准连续域中束缚态模式。

（3）首次实现了从荧光（图 3-1-7E）到激光（图 3-1-7F）辐射圆偏特性的完全控制。利用准连续域中束缚态模式的高品质因子，结合周期性结构能带对局域态密度的操控，对两种圆偏光态密度分别进行了增强和抑制，辐射光的圆偏振度高达 0.98，且发散角小于 1.06°，突破了传统圆偏振光源在线宽、发射角、圆偏度和工作范围的诸多限制。

以上研究进展以 "Chiral Emission from Resonant Metasurface" 为题，于 2022 年 9 月 9 日在线发表于 *Science*。*Science*、*Science Advances* 等期刊多次引用该研究成果，认为是"首次通过超表面的设计实现可控高纯度手性微纳激光，对手性的控制促使人们将研究拓展到其他的光自由度，有望通过结构化物质对结构光实现完全的片上控制"。该研究首次在实验中获得了手性准连续域中束缚态模式，并应用其实现了对自发辐射和激光的光谱、远场及自旋角动量的控制，为改进当前集成手性光源的设计提供了全新的解决方案，有望促进集成手性光源在光子与量子系统中的应用。

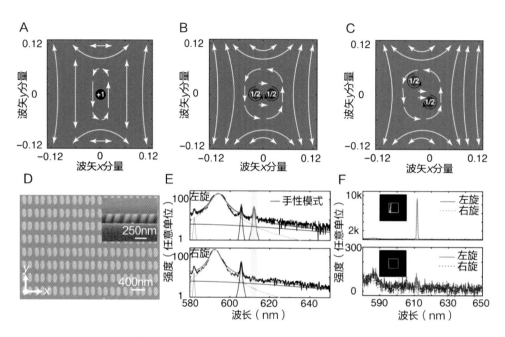

图 3-1-7 连续域中束缚态模式动量空间偏振奇点演化与手性辐射产生

A. 具有面内旋转对称和面外的镜面对称时，动量空间中心存在拓扑荷为 1 的偏振奇点；
B. 打破平面内对称时，整数拓扑荷劈裂为两个半整数拓扑荷，并对称地分布在动量空间两侧；
C. 进一步打破镜面对称时，可以调控半整数拓扑荷偏振奇点在动量空间中的位置；
D. 结构的扫描电子显微镜；E. 手性荧光光谱；F. 手性激光光谱，插图为近场荧光显微图像

锦屏地下实验室开启中国核天体物理新时代

在国家自然科学基金（国家杰出青年科学基金项目 11825504、重大项目 11490560）等的资助下，北京师范大学何建军教授团队在锦屏深地核天体物理实验（Jinping Underground Nuclear Astrophysics Experiment，JUNA）团队的密切配合下，对氟辐射俘获质子这一突破碳氮氧循环反应在低能区进行了直接探测，取得了以下主要创新成果。

（1）成功将该突破反应推进至第一代星的伽莫夫窗口，并在 225keV 处发现了一个新共振（图 3-1-8）。在 10^8K 附近，该新共振的发现使得其反应率比之前欧洲核反应数据库中的推荐值大了 7 倍左右，并将误差从几个数量级缩小至 50% 左右。

（2）恒星模型计算表明，该反应从碳氮氧循环反应突破出去的概率比之前预想的要大 7 倍左右，揭示了极贫金属星 SMSS0313-6708 中观测到的钙元素起源之谜，有力地支持了第一代星的弱超新星爆模型。该工作将为研究詹姆斯·韦布太空望远镜（The James Webb Space Telescope，JWST）未来的观测目标提供可靠的核物理输入量。

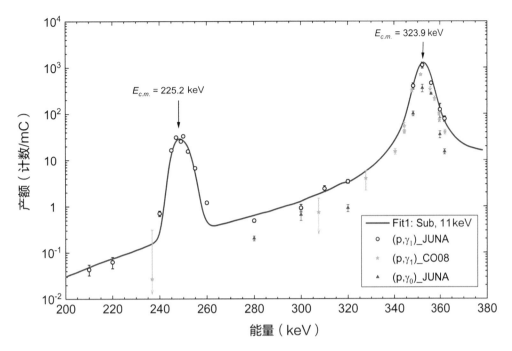

图 3-1-8　氟辐射俘获质子反应的产额曲线，其中发现的新共振位于 225.2keV
图中 JUNA 代表锦屏深地实验的数据。

上述研究成果以 "Measurement of ^{19}F(p，γ)^{20}Ne Reaction Suggests CNO Break-Out in First Stars" 为题，于 2022 年 10 月 27 日在 *Nature* 上发表，并被选为亮点文章加以评述。*Nature* 审稿人认为 "这是一个巨大的实验成功。这为未来的核天体物理学研究提供了新途径"。诺贝尔物理学奖获得者、JWST 首席科学家约翰·马瑟来函祝贺："祝贺你们的新测量，我觉得它们相当重要。"中国锦屏地下实验室是目前世界上最深的地下实验室，垂直岩石覆盖达 2400m，可将宇宙射线通量降到地面水平的千万分之一至亿分之一。作为 JUNA 实验装置的首批成果之一，^{19}F(p，γ)^{20}Ne 实验的成功开展证明中国锦屏地下实验室已经全面具备了进行深地核天体物理研究的能力（图 3-1-9）。

图 3-1-9　于世界最深实验室窥探宇宙之奥秘（艺术图）

烯胺光异构去消旋化反应

手性是自然界的基本结构属性，从分子结构到宏观物质世界，手性普遍存在。至关重要的是，手性分子是组成绚丽多彩的单一手性生命世界的物质基石，也是当前生物、医药、材料、信息等学科领域发展不可或缺的关键。因此，手性分子的精准构筑一直是合成化学研究的前沿。最理想、最直接的手性分子构筑方法就是将外消旋体直接转化为该物质相应的光学纯化合物，以 100% 得率获得目标手性分子，这一过程被称为去消旋化反应（图 3-1-10A）。然而这一理想路径属于熵减过程，热力学不利，也与动力学微观可逆原理相悖。如何打破热力学和动力学壁垒，发展高效去消旋化策略，是手性合成一个挑战性难题。

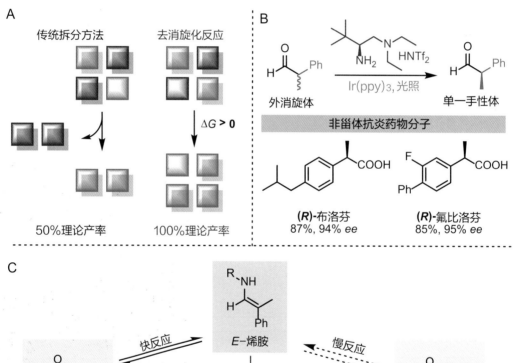

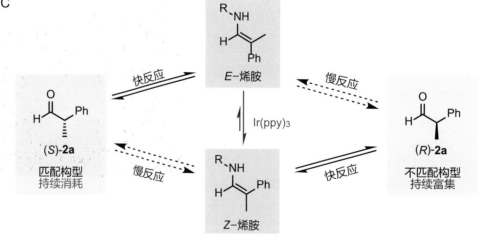

图 3-1-10　烯胺光异构去消旋化机制

A. 去消旋化反应示意；B. 手性氨基催化的去消旋化反应；C. 反应机制

在国家自然科学基金[重大研究计划项目91956000、重点项目22031006、国际（地区）合作与交流项目21861132003]等的资助下，清华大学罗三中教授团队基于前期不对称烯胺质子化机制及方法学研究，将仿生伯胺催化与可见光催化创造性联动，成功实现了α-芳基醛的高选择性去消旋化反应（图3-1-10B）。该反应体系简单，条件温和，能够在1小时内达到光平衡，实现高效去消旋化。在底物骨架上修饰吸电子基、给电子基、烷基、极性官能团、天然产物片段、杂环等均可以获得优秀的反应效果，展现出良好的底物适用性；反应能够被放大到克量级，成功应用于合成一系列非甾体手性抗炎药物；通过系统深入的实验分析和理论计算，该研究团队厘清了去消旋化的机制，提出了通过光能量转移中间体E/Z互变去消旋化手性合成的全新路径（图3-1-10C）。相关成果以"Deracemization through Photochemical E/Z Isomerization of Enamines"为题，于2022年2月25日发表在 *Science* 上。该研究受到美国化学与工程新闻（*Chemical & Engineering News*）亮点评述，国内外专家点评该研究"为重要且极具挑战性的手性合成问题提供了完美解答"，并认为该研究所发展的策略有望被其他化学家广泛应用，激发该领域的进一步发展，为理解和认识自然界的手性起源提供重要启示。

光催化剂光生电荷转移过程的全时空动态成像研究

在国家自然科学基金（基础科学中心项目22088102）等的资助下，中国科学院大连化学物理所李灿研究员、范峰滔研究员团队对光催化剂纳米颗粒的光生电荷转移进行了全时空探测，揭示了复杂的多重电荷转移机制，"拍摄"到光生电荷转移演化全时空图（图3-1-11）。研究成果以"Spatiotemporal Imaging of Charge Transfer in Photocatalyst Particles"为题发表在 *Nature* 上。

太阳能光催化反应可以实现分解水产生氢气、还原二氧化碳合成太阳燃料，这是国际科学前沿领域的大科学课题。其中，光生电荷在光催化剂中的转移和输运，以及从内部到表面反应位点的转移是决定光催化效率的关键。由于这一过程跨越从飞秒到秒、从原子到微米的巨大时空尺度，故揭开这一全过程的微观机制极具挑战性。针对该难题，该研究团队通过发展和集成多种可在时空尺度衔接的技术，包括时间分辨光发射电子显微镜（飞秒到纳秒）、瞬态表面光电压光谱（纳秒到微秒）和表面光电压显微镜（微秒到秒），在时空全域追踪了光生电荷在纳米粒子光催化剂中分离和转移演化的全过程。通过将缺陷结构选择性合成到颗粒的特定晶面，有效促进了电荷的分离，该研究团队发现光生电子在亚皮秒时间尺度就可以从一个晶面转移到另一个晶面。通过精密的实验测量和理论模拟，证实该超快过程的电荷转移归因于新的准弹道传输机制，其中电子以极高的速度传播，在散射之前就已经跨越了整个粒子。随后，该研究团队进一步发现随着时间尺度从纳秒发展到微秒，缺陷结构诱导空穴转移到另一个晶面。

这种在单粒子尺度上高时空分辨追踪电荷转移和分布的方法为光催化过程研究建立了全新的方式，将极大促进对该过程中复杂机制的认识，从而为诊断光催化过程的瓶颈问题以及发展高效光催化剂合成策略提供了科学基础。该研究受到国内外学术界的高度评价，被认为是中国科学家在国际光催化领域的一个标志性成果，具有原创性和引领性。*Nature* 同期刊发评论文章，《科学通报》和《化学进展》"2022 年度中国化学印记"专栏做了亮点评述，认为该项研究极大地拓展了对光催化基本微观机制的认识，为诊断光催化过程的瓶颈问题带来了新的希望。

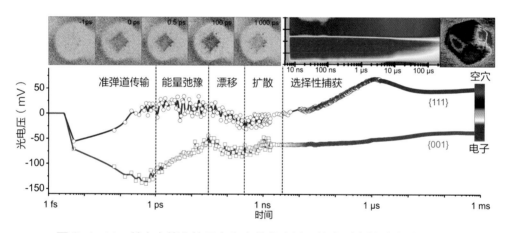

图 3-1-11　单个光催化粒子光生电荷分离过程的全时空域动态成像示意

炎症相关 mRNA 的活体成像分析研究

炎症反应的精准测量对脑卒中、心肌病和癌症等疾病的早期诊断、治疗及预后评估具有重要意义。血液检验和组织活检等常规临床诊断方法仅限于单一时间点测量，无法对炎症过程进行原位实时监测。相关研究表明，mRNA 是炎症反应的关键调节分子，在炎症的起始、发展和消退等过程中发挥了重要作用。因此，精准检测相关 mRNA 靶标有望实现炎症早期诊断和实时监测。近年来，得益于 RNA 检测技术的快速发展，已有诸多信号放大方法被用于低丰度 RNA 的高灵敏检测及细胞内成像分析。然而，这些信号放大技术通常缺乏细胞选择性且空间分辨能力不足，易在健康组织中产生非特异性的信号放大，从而制约了其在活体成像分析中的应用。

在国家自然科学基金（国家杰出青年科学基金项目 22125402、青年科学基金项目 22004023）等的资助下，国家纳米科学中心李乐乐研究员团队在炎症相关 mRNA 活体成像分析研究方面取得了进展。该项目重点关注的关键科学问题是如何构建基于 DNA 自组装的触发型信号放大技术，解决传统信号放大方法不具备 RNA 成像的细胞特异性问题。该研究团队通过结合前期在分子成像时空调控技术方面的基础，探索开发炎症微环境刺激响应型信号放大技术，实现在活体水平对炎症相关 RNA 的原位、高灵敏、高空间分辨成像，为炎症相关疾病的"精准诊疗"奠定基础。

研究成果以 "Spatially Resolved in Vivo Imaging of Inflammation-Associated mRNA via Enzymatic Fluorescence Amplification in a Molecular Beacon" 为题发表在 *Nature Biomedical Engineering* 上。该研究团队开发了一种酶促信号放大方法，利用炎症细胞内特异性分布的酶分子触发信号放大反应，实现了对炎症细胞内靶标 mRNA 的空间分辨和信号放大检测，进而对炎症部位进行早期诊断和实时动态监测（图 3-1-12）。团队在传统分子信标的环部引入脱嘌呤/脱嘧啶位点，使其在与靶标 mRNA 结合后被炎症细胞内胞质迁移的脱嘌

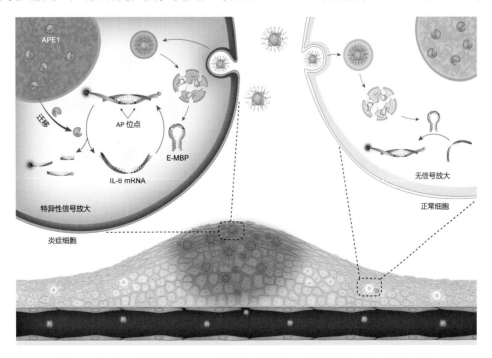

图 3-1-12　酶促信号放大实现炎症相关 mRNA 活体空间分辨成像

E-MBP：酶促发型分子信标探针（enzyme-triggered beacon probe）。

吟 / 脱嘧啶核酸内切酶 1（apurinic/apyrimidinic endonclease 1，APE1）特异性切割，进而释放 mRNA 参与"靶标识别—酶切释放"的循环过程，实现对炎症相关 mRNA 检测信号的时空选择性放大以及高信噪比成像。在活体实验中，研究人员进一步应用该方法实现了对急性炎症和药物引起的急性肝损伤的原位检测和早期诊断。

该方法为炎症相关 mRNA 的活体高灵敏检测和成像提供了一种新工具，有望用于炎症相关疾病的早期诊断及其治疗过程的实时监测和评价。

碳家族单晶新材料创制方面的研究

碳是元素周期表中最多样化的元素之一，能以多种杂化方式成键获得独特的 π 电子共轭体系，从而展现出优异的力、热、光、电等性能。碳材料的性能与其拓扑结构密切相关，因此研究新的二维碳同位素异形体，特别是具有带隙的新型结构具有重要意义。制备新型碳材料一直是物质科学领域的前沿课题，以富勒烯、碳纳米管、石墨烯、石墨炔为代表的新型碳材料的每一次发现都引发了研究热潮。但是，缺乏有效、可靠的合成方法也给新型碳材料的发现带来极大的挑战。

在国家自然科学基金（面上项目 22175184、青年科学基金项目 22105207）等的资助下，中国科学院化学研究所郑健研究员团队开发了一种制备新型碳材料的合成策略（图 3-1-13），成功制备了单层二维聚合 C_{60} 单晶，并获得了清晰的价键结构。通过调节镁（Mg）和 C_{60} 的比例，在常压条件下制得了两种紧密排列的准六方相和准四方相的 Mg 插层聚合物单晶。通过有机阳离子切片策略，以四丁基水杨酸铵作为切割试剂，从准六方相结构中剥离得到单层 C_{60} 聚合物。单晶 X 射线衍射和扫描隧道电子显微镜表征结果表明，C_{60} 之间通过碳－碳桥连单键和 [2+2] 环加成的四元环桥连键，在平面内连接形成了一种全新的二维拓扑超结构（图

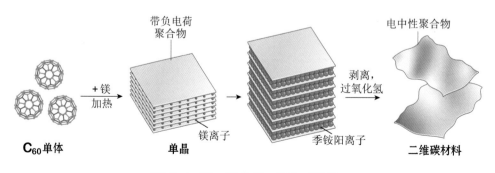

图 3-1-13 聚合 C_{60} 的合成路线

3-1-14）。该研究为碳材料家族再添一名新成员。这种利用零维团簇代替碳原子构筑二维拓扑结构的方法，为新型碳材料的探索提供了新的思路。

单层聚合 C_{60} 的带隙约为 1.6eV，是典型的半导体，预示其在光 / 电半导体器件中具有广阔的应用前景。由于不对称成键结构，这种新的碳材料具有显著的面内各向异性等优异特性，有望应用于非线性光学和功能化电子器件领域。其独

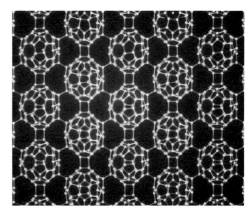

图 3-1-14　准六方二维聚合 C_{60} 的晶体结构

特的共轭结构、晶格和多孔骨架结构，使得该二维簇聚碳材料在超导、量子计算、自旋输运、信息及能量存储、催化等领域也具有潜在的应用前景。

Nature 同期配发了论文评述，*Chemical & Engineering News*、*Chem*、*Science China Materials* 等国际重要期刊进行了亮点评述，明确指出二维聚合 C_{60} 开辟了碳材料研究新方向。德国、英国等国际同行认为该材料"是碳材料领域最重要的进展之一"，在半导体应用方面有可能"超越石墨烯"。

作为我国原创的碳同素异形体，该材料吸引了国外科学家的反向跟进。剑桥大学、坎皮纳斯州立大学等顶尖团队发表了近十篇论文，对该材料进行了理论计算，发现二维聚合 C_{60} 是带隙最接近单晶硅的碳材料（1.11 ～ 1.49eV），预测了其优异的催化、力学、热电、半导体、超导、非线性光学等化学、物理性质。*Nature* 上后续又跟踪发表了 2 篇有关 C_{60} 聚合材料的文章，预示着这一研究方向吸引了众多科学家的兴趣，展示了其巨大的潜力，有望成为新的前沿热点。

镜像 T7 RNA 聚合酶合成及转录研究

构成生命的天然核酸和蛋白质均具有手性单一的特性，已知天然核酸皆由 D 型核糖组成，而天然蛋白质几乎皆由 L 型氨基酸组成。构建与天然生物分子手性相反的"镜像生物学系统"的核心在于建立镜像中心法则，即镜像 DNA 复制、镜像转录、反转录以及镜像蛋白翻译，其中难点在于制备高质量的长度分别约为 120 nt、1.5 kb 及 2.9 kb 的镜像 5S、16S 及 23S 核糖体 RNA。这些 RNA 构成了镜像核糖体的结构和催化核心，约占其分子质量的三分之二。然

而，受限于已有技术，此前能够获取的最长镜像 RNA 仅有 120 nt，不足以实现制备长链镜像 RNA 的目标。

在国家自然科学基金（国家杰出青年科学基金项目 21925702、原创探索计划项目 32050178）的资助下，清华大学朱听教授团队利用蛋白质分割策略，将全长为 883 个氨基酸的 T7 RNA 聚合酶分割成长度分别为 363 个、238 个和 282 个氨基酸的三个片段进行合成，并将其在体外共同复性，使其正确折叠成具有完整功能的 100 kDa 高保真镜像 T7 RNA 聚合酶，这是目前已报道的最大的全化学合成镜像蛋白质（图 3-1-15）。同时，该研究团队利用合成的镜像聚合酶转录制备出各种镜像 RNA，包括镜像 5S、16S 及 23S 核糖体 RNA，镜像核糖开关，镜像核酶等。其中，23S 核糖体 RNA 长度达 2.9 kb，为目前已报道的最长镜像 RNA。此外，该研究团队还对多种镜像 RNA 进行了稳定性研究，结果显示镜像 RNA 比天然 RNA 有更长的半衰期，并具有独特的生物稳定性。该研究成果以 "Mirror-Image T7 Transcription of Chirally Inverted Ribosomal and Functional RNAs" 为题，于 2022 年 10 月 28 日发表在 *Science* 上。

该大型镜像蛋白质全化学合成策略以及千碱基长度镜像基因组装和转录技术解决了长期制约镜像生物学领域发展的大型镜像生物分子的制备难题，为后续构建镜像蛋白质翻译系统、实现完整的镜像中心法则以及拓展镜像生物学系统的应用奠定了基础，有望被应用于诊断治疗、信息存储、分子计算、生物成像及 RNA 相关基础研究等领域。

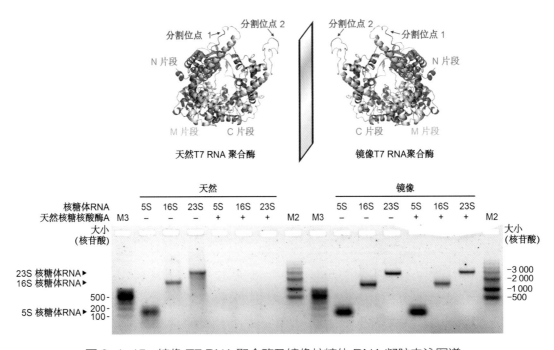

图 3-1-15　镜像 T7 RNA 聚合酶及镜像核糖体 RNA 凝胶电泳图谱

二甲苯异构体吸附分离研究

对二甲苯（para-xylene，PX）及异构体是一类重要的基本的有机化工原料，被广泛应用于塑化剂、聚酯纤维等化学品的生产。由于它们的结构高度相似、沸点相近，特别是对二甲苯与间二甲苯（meta-xylene，MX）的沸点相差不到1℃，常规精馏需要150块以上理论板数，能耗极大，二甲苯异构体分离也被认为是世界七大化工分离挑战之一。目前工业上采用模拟移动床技术进行分离，但商用沸石分子筛的分离选择性低，需多达24塔串联操作，且为确保二甲苯分子在微孔内的扩散速率，分离过程需在180℃高温下进行，急需发展兼具高PX选择性和高传质速率的吸附分离材料。

在国家自然科学基金（优秀青年科学基金项目21722609、面上项目21878260、专项项目22141001）等的资助下，浙江大学任其龙教授、鲍宗必教授团队开发了一种超高PX选择性吸附能力的配位聚合物吸附剂。采用2，5-二羟基-1，4-苯醌与锰离子配位构筑一维聚合物链，链与链间通过水分子的氢键作用进而形成堆叠结构，该材料脱水活化后产生大量不饱和配位金属位点。PX两个端甲基与相邻锰金属位点有最佳适配程度，在120℃时仅PX能进入聚合物链间空隙而被强烈吸附，邻二甲苯（ortho-xylene，OX）则在60℃以下才能进入，间二甲苯介于两者之间（图3-1-16）。基于这种独特的温度差异响应辨识机制，该研究实现了三种异构体的高效辨识分离，PX/OX液相吸附选择性高达84.6。该材料兼具高吸附容量和高传质速率，表现出优异的水热稳定性和工业应用潜力。

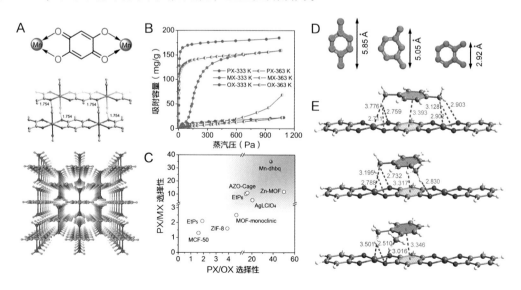

图3-1-16　二甲苯异构体吸附材料结构、分离性能及机制

A. 配位聚合物吸附材料的分子结构；B. 材料对二甲苯的等温吸附曲线；C. 二甲苯吸附分离材料的性能比较；
D. 二甲苯异构体的分子结构及取代基间距；E. 配位聚合物对二甲苯的吸附作用位点

以上研究进展以"Discrimination of Xylene Isomers in a Stacked Coordination Polymer"为题，于 2022 年 7 月正式发表在 *Science* 上。研究成果解决了吸附材料形状辨识能力与孔内限域传质同步强化的关键科学问题，在国际上引起了广泛关注，并被 Chemistry World、Phys.org 等科学新闻网站进行了专题报道。

多位国际专家高度评价该成果"比当前工业上使用的分离过程更加绿色低碳，是最有希望获得工业应用的二甲苯异构体分离材料"。发展基于该材料的新型分离技术，对实现传统化工过程的流程再造、引领绿色分离技术创新具有重要意义。

局部热疗激活白色脂肪棕色化治疗肥胖机制研究

肥胖是糖尿病、高血压、高血脂、脂肪肝、心血管疾病和某些癌症等疾病的重要危险因素，严重危害人类健康。米色脂肪在静息时可表现出白色脂肪的特质，而在寒冷或被 β 肾上腺素受体激动剂等激活的情况下，具有棕色化潜力，促进产热和热量消耗，改善机体糖脂代谢，是防治肥胖与代谢性疾病的重要组织靶点。尽管冷刺激或 β 肾上腺素受体激动剂是激活米色脂肪的有效方法，但是这些方法在人体中作用有限，并且可能存在潜在的副作用，危害人体健康。因此，迫切需要发现新靶点和新策略，以安全、有效的方式激活米色脂肪来防治肥胖。

在国家自然科学基金（优秀青年科学基金项目 32022034）等的资助下，华东师范大学马欣然研究员团队研究发现了米色脂肪局部热疗可通过热休克转录因子 1（heat shock transcription factor 1, HSF1）-*A2b1* 转录轴激活产热，减轻肥胖并改善代谢紊乱的作用和分子机制。研究成果以"Local Hyperthermia Therapy Induces Browning of White Fat and Treats Obesity"为题，于 2022 年 3 月 17 日发表在 *Cell* 上，并被选为重点推荐论文和封面论文（图 3-1-17）。

该研究团队利用聚多巴胺纳米颗粒构筑的光热水凝胶，通过红外线照射，实现米色脂肪在温和温度（41℃ ±0.5℃）下高效的局部热疗。通过构建多种基因

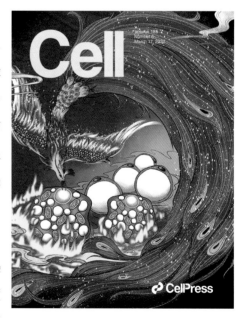

图 3-1-17 *Cell* 当期封面

工程小鼠，以及腺相关病毒（adeno-associated virus，AAV）介导的米色脂肪特异性过表达／敲减小鼠，该研究团队创新性地发现，除了冷刺激外，米色脂肪还可以通过 HSF1 感应局部温和热效应并激活产热，安全、有效地预防和治疗肥胖并改善胰岛素抵抗和肝脏脂质沉积等代谢紊乱。此外，该研究还首次通过 ChIP-seq 技术在全基因组范围内筛查了米色脂肪中 HSF1 直接调控的靶基因，发现了 HSF1-*A2b1* 转录轴，进一步完善了 HSF1 代谢调控网络，并在上万人群研究中明确了 HSF1 与代谢性状的关联性（图 3-1-18）。

　　该研究在 *Cell* 同期配发了论文评论，并受到 *Nature*、*Nature Reviews Endocrinology* 等国际期刊的研究亮点评述，一致评价该研究可能为肥胖症干预提供了潜在靶标和创新策略。

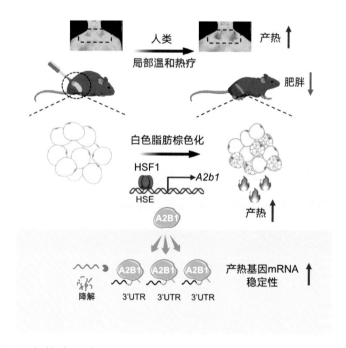

图 3-1-18　局部热疗通过 HSF1-*A2b1* 转录轴激活白色脂肪棕色化治疗肥胖示意
HSE：热休克元件（heat shock element）；UTR：非翻译区（untranslated region）。

玉米水稻高产基因的发现

　　玉米、水稻等作物是人类能量摄入的主要来源，大约在一万年前由野生种独立驯化而来。"它们在长期的驯化和改良过程中发生的相同表型变化是否遵循共同的遗传规律"一直是一个重大的基础科学问题。挖掘不同作物间的趋同选择基因对作物的遗传改良具有重要的理论和实践意义。

在国家自然科学基金[重大研究计划项目 91935302、91435205，创新研究群体项目 31421005，国际（地区）合作交流项目 31961133002]等的资助下，中国农业大学杨小红教授、李建生教授团队联合华中农业大学严建兵教授团队利用野生玉米资源创制了特异的穗行数为 6 行的玉米材料，克隆了控制玉米穗行数的基因 *KRN2*，发现该基因上游非编码区在玉米驯化和改良过程中受到了明显的选择，导致基因表达量降低，进而增加了玉米的穗行数和穗粒数；鉴定了水稻同源基因 *OsKRN2*，发现该基因与玉米 *KRN2* 基因类似，控制水稻的二次枝梗数和穗粒数，且在水稻驯化和改良过程中也受到了选择。*KRN2/OsKRN2* 编码 WD40 蛋白，与功能未知蛋白 DUF1644 互作，通过保守的分子途径负调控玉米穗行数与水稻枝梗数。在此基础上，研究团队利用基因编辑技术分别创制了 *KRN2* 和 *OsKRN2* 基因功能丧失的新种质。在相同的遗传背景下，玉米增产约 10%，水稻增产约 8%，且未发现不良效应。研究团队进一步利用玉米、水稻及野生种的大数据进行全基因组选择分析，发现了 490 对趋同选择基因，从单基因和全基因组水平上揭示了玉米和水稻在演化过程中发生趋同选择的遗传规律（图 3-1-19）。

该研究成果于 2022 年 3 月 25 日在 *Science* 上发表。该成果发表之后，受到 *Nature Plants*、*Molecular Plant*、*Trends in Plant Science*、*Current Biology*、*Science China Life Sciences* 等国际期刊的亮点评述，一致认为该研究成果不仅为作物育种提供了战略基因资源，也为从头驯化或再驯化创制新型作物提供了重要的理论基础。

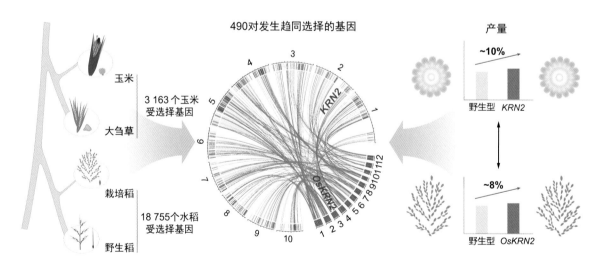

图 3-1-19　玉米和水稻在演化过程中发生趋同选择的遗传规律

左图：全基因组选择分析分别在玉米和水稻中检测到 3 163 个和 18 755 个受选择基因；中图：490 对发生趋同选择的基因在玉米和水稻基因组中的分布；右图：*KRN2* 和 *OsKRN2* 基因编辑的敲除系分别提高约 10% 的玉米产量和约 8% 的水稻产量。

宿主基因组中影响猪肠道菌群组成的因果突变鉴别及其作用机制研究

肠道微生物与宿主代谢、免疫等生理功能密切相关，影响动物生长发育、饲料转化和疾病抗性等诸多重要经济性状。不同个体肠道微生物组成各不相同，受到环境、饮食、健康状况以及宿主遗传变异等多重影响。宿主遗传变异多大程度以及如何影响其自身的肠道菌群组成是当前国际上人类及哺乳动物研究的热点及难点。

在国家自然科学基金（重大项目31790410）的资助下，江西农业大学猪遗传改良与种质创新国家重点实验室黄路生教授团队利用独创的由全世界四个不同商业猪种以及四个中国地方猪种混合杂交构建的嵌合家系第六代（F6）和第七代（F7），在相同猪场、相同饲料、相同免疫模式及相同管理方式下饲喂的1500余头猪作为实验材料，分析了同一个体三个不同生长阶段、五个不同肠道部位共计5110余份菌群样品，系统研究了健康猪肠道微生物组成和宿主基因对猪肠道菌群组成的影响。

该研究在F6和F7两个群体中证实了不同日龄猪、相同日龄不同肠道部位菌群组成的广泛异质性（图3-1-20）。同时，该研究从三个方面系统证实了宿主遗传背景对猪肠道菌群组成的显著影响：①在生活环境完全相同的同一窝全同胞猪中，分析发现遗传背景更相似的猪，

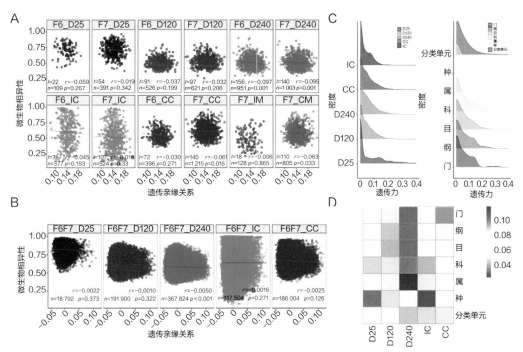

图 3-1-20　宿主遗传影响猪肠道菌群组成

A. 同窝全同胞个体间遗传亲缘关系与微生物组成相异性之间的关联性；B. 跨F6、F7两个世代的个体间遗传亲缘关系与微生物组成相异性之间的关联性；C. 不同日龄、不同肠道部位以及不同分类水平菌群遗传力的频率分布；D. 按不同样本类型在不同分类水平上计算的肠道菌群总遗传力

其肠道菌群组成也更为相似。②在 F6 和 F7 两个世代中分别鉴别到 1 050 个和 955 个细菌分类可遗传，其中 450 个可遗传的细菌分类在两个世代中被重复验证。③对 8 490 个细菌分类进行了全基因组关联分析，共检测到 1 527 个显著影响 846 个细菌分类的宿主基因组变异位点。通过系统遗传解析，鉴别到 ABO 基因中一个 2.3kb 古老缺失突变直接导致家猪肠道中丹毒丝菌科相关细菌的丰度差异。ABO 基因 2.3kb 的缺失导致编码的蛋白质无 N- 乙酰半乳糖胺转移酶活性，因此无法将 N- 乙酰半乳糖胺添加到肠道黏液中高度糖基化的黏蛋白上，导致 OO 基因型个体肠道中 N- 乙酰半乳糖胺浓度降低，从而影响依赖 N- 乙酰半乳糖胺作为碳源的细菌的生长。

这是国际上在所有农业动物（猪、牛、羊、鸡、鸭、鹅等物种）中第一个发现的宿主基因组中影响肠道菌群的因果突变。该发现对研发宿主遗传通过调控肠道菌群提高猪饲料转化效率和生长速度新技术，培育节粮型和快长型猪新品种具有重要参考意义。相关研究成果于 2022 年 4 月 27 日发表在 *Nature* 上（图 3-1-21），受到了学界的广泛关注。多家国际媒体及业内专家高度评价该成果"在农业动物中首次鉴定到宿主基因组影响肠道菌群的因果突变，为理解宿主基因型对肠道细菌丰度的影响提供了强有力证据"。

图 3-1-21 *Nature* 当期封面

混交森林增产效应研究

在国家自然科学基金（基础科学中心项目 31988102、优秀青年科学基金项目 32122053）等的资助下，北京大学城市与环境学院、生态研究中心方精云教授团队联合国内外多家单位科研人员，历时近 5 年，构建了包含 255 个站点、243 个树种、5 900 余组配对数据的全球混交林实验数据库（Global MixTrees），并通过分析配对的混交和纯种人工林数据集，探究了混交种植对三个主要生长要素（树高、胸径、生物量）的影响，揭示了森林混交的增产效应及其影响机制，取得了以下重要成果。

（1）混交林的树高、胸径和生物量均显著高于纯林，平均增加量分别为 5.5%、6.8% 和 25.5%；这种增产效应主要由种间互补作用所引起，并且随着混交物种的增加，增产效应呈增加趋势（图 3-1-22）。

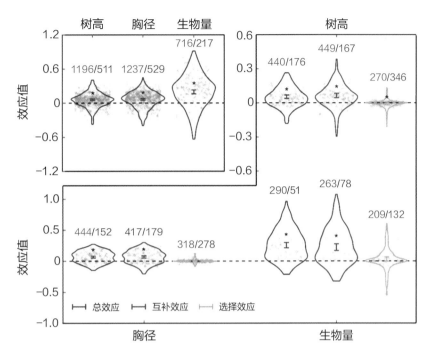

图 3-1-22　混交林在三个生长指标（树高、胸径和生物量）上的混交效应

（2）物种性状组成是影响增产效果的关键因素：不同叶型（针叶和阔叶）混交比单一叶型混交的增产效果好；不同叶生活史（落叶和常绿）混交比单一叶生活史混交的增产效果好；不同养分获取策略（固氮和非固氮）混交与单一养分获取策略混交的增产效果相似。

（3）混交林的增产效应随着林龄和种植密度的增加呈单峰变化，峰值出现在林龄 25 年左右和种植密度 2 500 ～ 4 100 株 / 公顷时；此外，气候条件在一定程度上也影响增产效果：高温地区增产效果更明显，但对降水变化不敏感。

该研究突破了传统野外观测和控制实验研究的局限，使用混交和纯种人工林配对数据对森林混交效应进行了系统定量研究，系统阐明了混交种植的增产效应及其机制，解决了森林经营生产中久而未决的理论和实践问题，为全球森林恢复和经营提供了重要参考。研究成果以"Multispecies Forest Plantations Outyield Monocultures across a Broad Range of Conditions"为题，于 2022 年 5 月 20 日发表在 Science 上（图 3-1-23）。Science 同期配发了国际

图 3-1-23　Science 当期封面

著名生态学家 Jessica Gurevitch 教授题为"多元目标下的森林管理"的评述文章，认为该研究实证了"通过合理设计，人工林可在提供经济价值的同时，支撑重要生态和保护目标的实现"。此外，该研究成果还大大丰富和发展了生物多样性与生态系统功能（Biodiversity and Ecosystem Functioning，BEF）研究，并为 BEF 理论在生产实践中的应用搭建了桥梁。

利用图泛基因组解决"遗传力丢失"问题研究

"遗传力丢失"是一个重要的数量遗传学问题，即通过遗传标记估计的遗传力以及通过全基因组关联分析发现的所有相关基因所贡献的遗传力总和均低于实际的遗传力。找回"丢失的遗传力"，将有助于理解复杂性状的遗传机制，为相关的育种工作提供理论支持。

在国家自然科学基金（重大项目 31991180）等的资助下，中国农业科学院深圳农业基因组研究所黄三文研究员以番茄为模式生物，创新性地利用图泛基因组的优势，并结合多组学数据，通过解决标记与因果变异的不完全连锁、等位基因异质性以及位点异质性等找回"丢失的遗传力"，并证明其有利于分子标记辅助选择和基因组选择育种。

研究人员收集了 32 份番茄代表性材料并结合所有已报道的番茄重测序数据，首次系统地整合了 838 个番茄基因组，鉴定出迄今最完整的番茄遗传变异图谱，并构建出首个番茄图泛基因组。通过图泛基因组在番茄自然群体中对总计超过 2 万个基因表达和代谢性状进行分析，相比传统单核苷酸变异，利用全部遗传变异计算出的遗传力提高了 24%。在图泛基因组的基础上，研究人员结合多位点模型，解决了由遗传异质性导致的全基因组关联分析效力低的问题。该方法重新找回了番茄关键性状的遗传力，发现了黄酮类代谢物以及与番茄风味相关的可溶性固形物含量的数个关键变异。进一步的研究发现，结构变异作为分子标记能有效提高分子标记辅助选择以及基因组选择的效率，并初步设计了一个约 2 万个结构变异的育种芯片，可供育种科研人员后续使用（图 3-1-24）。

该研究成果以"Graph Pangenome Captures Missing Heritability and Empowers Tomato Breeding"为题，于 2022 年 6 月 8 日在 *Nature* 上发表。*Nature Genetics*、*Science China Life Sciences*、*aBIOTECH* 等国际知名期刊对该研究成果相继发表了评论文章，评价该研究"解开了植物遗传学的'戈尔迪之结'，是基因组领域里程碑式的工作"。这一研究成果是对图泛基因组概念最全面的分析，是基因组学与数量遗传学的深度结合，为泛基因组促进作物育种提供了新的思路。

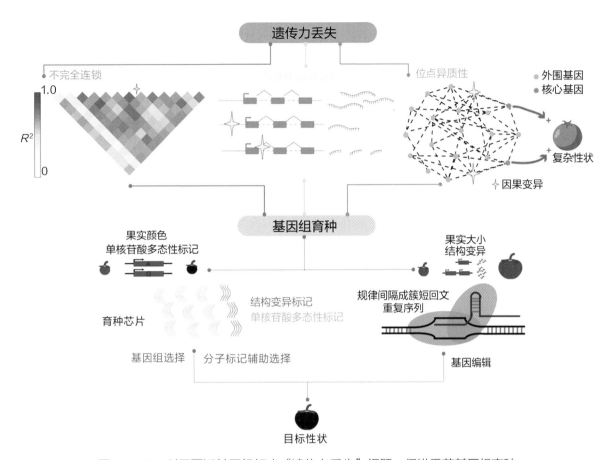

图 3-1-24　利用图泛基因组解决"遗传力丢失"问题，促进番茄基因组育种

肿瘤引流淋巴结抗原特异性记忆 CD8⁺ T 细胞的研究

CD8⁺ T 细胞耗竭是免疫系统不能有效清除恶性肿瘤细胞的关键原因。通过靶向阻断程序性死亡受体 1（programed death 1，PD-1）/ 程序性死亡受体配体 1（programmed death ligand 1，PD-L1）介导的抑制性信号通路，可以在一定程度上逆转 CD8⁺ T 细胞耗竭，控制肿瘤进展，构成 PD-1 免疫检查点阻断疗法（immune checkpoint blockade，ICB）的临床应用基础。目前，尽管该疗法在系列癌症治疗中取得了较好的效果，但仍然面临如响应癌种有限、患者的总体响应率较低及治疗后期易出现耐药抵抗等巨大挑战。因此，充分解析 CD8⁺ T 细胞抗肿瘤免疫应答的作用模式及响应 PD-1 ICB 的机制，对进一步提升 PD-1 ICB 的临床响应率至关重要。

在国家自然科学基金（重点项目 32030041、国家杰出青年科学基金项目 31825011、优秀青年科学基金项目 82122028）等的资助下，陆军军医大学全军免疫学研究所叶丽林教授团队与合作者利用多种小鼠肿瘤模型及肝癌患者样本，发现引流淋巴结内一定比例的肿瘤特异性 CD8$^+$ T 细胞（TOX$^-$PD-1^{lo}TCF-1$^+$）严格符合经典免疫记忆特征，遂定义为 TdLN-T$_{TSM}$（Tumor Draining Lymph Node derived Tumor Specific Memory T cell）。随后通过一系列在体功能实验，进一步验证了 TdLN-T$_{TSM}$ 是真正响应 PD-1 ICB 的细胞亚群（图 3-1-25）。该研究以"The Primordial Differentiation of Tumor Specific Memory CD8$^+$ T Cells as *Bona Fide* Respondersto PD-1/PD-L1 Blockade in Draining Lymph Nodes"为题，于 2022 年 10 月 27 日在 *Cell* 上发表。该研究成果报道后，国际癌症研究期刊 *Cancer Discovery* 发表评述，称该研究为进一步提升 PD-1/PD-L1 免疫治疗效力及开发新型的抗肿瘤免疫细胞治疗策略奠定了基础。

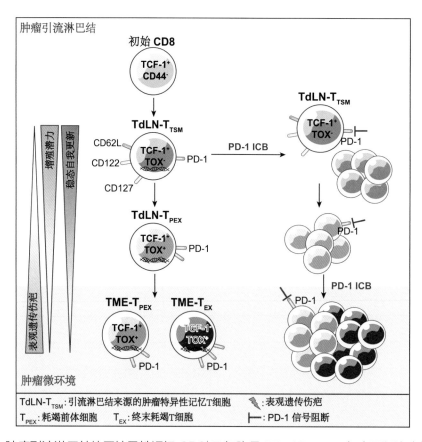

图 3-1-25 肿瘤引流淋巴结抗原特异性记忆 CD8$^+$ T 细胞是 PD-1/PD-L1 免疫阻断治疗的真实响应者

总结这项研究，其创新性主要体现在以下几个方面：①打破了在肿瘤负荷下，只存在耗竭 T 细胞，不存在肿瘤特异性记忆 T 细胞的传统概念。②进一步完善了 PD-1 ICB 的时空作用机制，即 PD-1 ICB 先在引流淋巴结扩增、动员 TdLN-T$_{TSM}$ 细胞分化为耗竭前体细胞，再进入肿瘤微环境（tumor microenvironment，TME）发挥作用，不同类型及状态的 TME 可能决定这些 PD-1 ICB 动员过来的细胞发挥抗肿瘤作用的潜力。这一结论也提示 PD-1 ICB 与靶向 TME 的调节因子相结合，可能发挥更好的协同抗肿瘤作用。③在外科手术清扫肿瘤淋巴结时可考虑从这些淋巴结中分选、扩增 T_{TSM} 细胞，过继转输回术后患者，辅以免疫检查点治疗，可能防止肿瘤术后复发或者转移。④ TdLN-T_{TSM} 细胞是比处于耗竭状态的肿瘤浸润淋巴细胞（tumor infiltrating lymphocyte，TIL）更优的抗肿瘤过继 T 细胞疗法。

早期地球"初始氧"起源的研究

蓝细菌祖先产氧光合作用的成功进化是地球和生命演化历史上最重要的里程碑事件之一，这直接导致早期地球在 24.5 亿～ 23.3 亿年前发生第一次大氧化事件（The Great Oxidation Event），驱动了表层地球系统发生革命性变化。但是，产氧光合作用的起源仍是一个未解之谜。目前，学术界普遍认为蓝细菌祖先进化产氧光合作用需要一个预先存在的氧化环境，过氧化氢（H_2O_2）是激发其产氧光合作用进化的关键物质。那么，H_2O_2 究竟来源于何处是解译产氧光合作用成功进化的关键。

在国家自然科学基金（创新研究群体项目 41921003、国家杰出青年科学基金项目 41825003）的资助下，中国科学院广州地球化学研究所何宏平研究员和朱建喜研究员团队从矿物表 / 界面反应的视角开展了早期地球活性氧（reactive oxygen species，ROS）起源的研究。该研究发现，石英等矿物的破裂表面具有很高的能量，与水接触时会立刻发生反应并产生 H_2O_2 和氧气（O_2）。通过基于太古代大气条件下的模拟实验和模型计算，该研究提出在浅海和河流三角洲等动荡的水体环境中，持续不断的矿物－水界面反应动力学过程可产生足够的 H_2O_2 和 O_2 等活性氧，形成局部氧化环境。这些活性氧对栖息于微生物席或水体中的不产氧光合细菌造成氧化应激，胁迫蓝细菌祖先适应 ROS 毒性并创新代谢方式，从而为蓝细菌祖先提供进化压力，启动产氧光合作用的进化（图 3-1-26）。这一设想与系统发育分析获得活性氧解毒酶和氧利用酶的出现时间是一致的。

该研究提出的早期地球"初始氧"起源的矿物学新认识，还为叠层石的形成机制、太古代"氧绿洲"的成因，以及地球早期高度还原条件下元素的氧化活化等重要地质现象的解译提供了一个崭新的视角。其成果以 "An Abiotic Source of Archean Hydrogen Peroxide and Oxygen that Pre-Dates Oxygenic Photosynthesis" 为题发表在 *Nature Communications*

上。该研究成果被发表在 *Nature geoscience*、*Nature Communications* 等期刊上的多篇高影响力论文正面引用。

图 3-1-26　矿物－水界面活性氧（H_2O_2 和 O_2）对蓝细菌祖先形成的进化压力

全球湖泊水体面积与碳排放时空动态研究

湖泊在全球水文和生物地球化学循环中扮演着重要角色，具有重要的生态功能。近些年来，受气候变化和人类活动的影响，湖泊在全球范围内发生了快速变化。精准了解湖泊面积的时空动态过程是评估湖泊生态环境变化及其影响的基础。在国家自然科学基金（面上项目41971304）等的资助下，南方科技大学冯炼教授团队在全球湖泊水体范围及其面积时空动态研究方面取得了重要进展。

该研究团队首先利用深度学习语义分割模型（U-Net）解决了湖泊边界界定的难题，其次利用全球水体发生频率数据集（Global Surface Water Occurrence）构建了一套全球湖泊边界数据集（GLAKES）（图 3-1-27），该数据集涵盖 340 万个湖泊（水体范围 $\geq 0.03km^2$），跨越目前已知的最大时间范围（1984—2019 年）。该研究团队将 1984—2019 年分为三个时间段（1984—1999 年、2000—2009 年和 2010—2019 年），首次追溯全球湖泊面积变化过程，发现从第一到第三时段，除南极洲以外的六大洲湖泊面积均呈净增加趋势，总增加面积为 $46278km^2$。同时，该研究明确了由人类控制的水库调蓄（56%）而非由气候变化导致的冰川冻土融化是造成全球湖泊面积扩张的主要因素（图 3-1-28）。该研究进一步揭示了在全球以及区域尺度上，小湖（面积 < $1km^2$）在湖泊面积以及碳排放的长期变化中的重要贡献。小

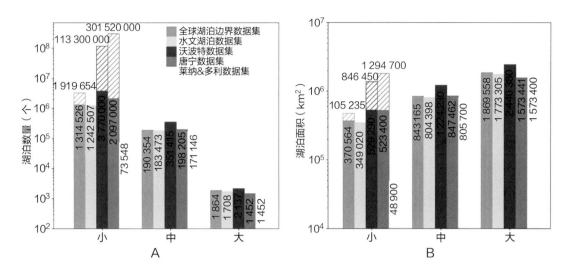

图 3-1-27　不同湖泊数据集湖泊数量（A）及面积（B）比较
（大：面积 >100km²，中：面积 1 ~ 100km²，小：面积 <1km²）

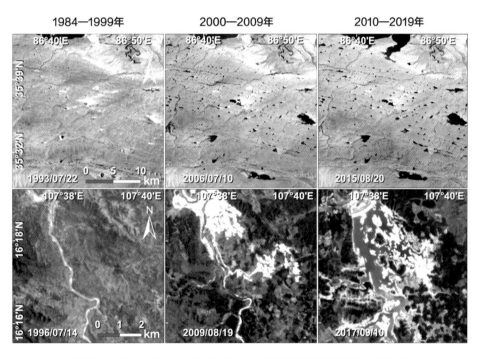

图 3-1-28　1984—2019 年三个时段典型湖泊面积变化过程

湖以仅 15% 的面积占有量，贡献了 46.2% 的面积净增加量，并主导了约一半湖泊区域的面积变化。同时，小湖占据了全球湖泊 25% 的 CO_2 排放以及 37% 的 CH_4 排放，并贡献了 45% 的 CO_2 以及 59% 的 CH_4 的净排放增加量（图 3-1-29）。此外，该研究还强调了小湖对调节水文循环以及内陆水体相关的碳循环方面的重要作用，并呼吁在未来的湖泊及水资源管理中给予小湖更高的关注。

上述成果以 "Mapping Global Lake Dynamics Reveals the Emerging Roles of Small Lakes" 为题，于 2022 年 10 月 1 日在线发表于 *Nature Communications*。该论文发表后被 ScienceDaily、Phys.org、YaleEnvironment 等 40 多家国际知名科技媒体以英语、俄语、法语、阿拉伯语等多语种报道或转载。

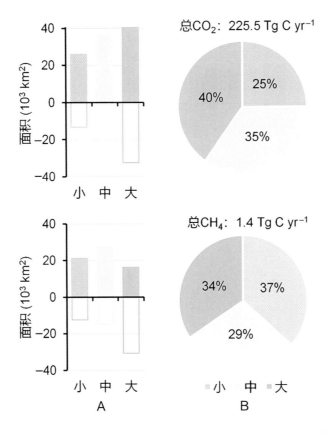

图 3-1-29　小湖在全球湖泊面积变化（A）及碳排放中的重要性（B）

3 亿年前冰室气候下巨量碳排放与海洋缺氧研究

近百年来，全球气温在新生代冰室气候大背景下快速升高，两极冰川消融加剧，海洋缺氧程度加重，导致全球生物多样性降低，并严重影响海洋渔业发展。全球变暖的这些影响将如何进一步发展？根据当前环境变化的观察数据很难预测未来的趋势。为了找到冰室气候背景下的全球变暖与海洋缺氧、生物多样性变化的内在关系，科学家通过对地球历史的冰室气候进行研究寻找答案。其中，距今 3.6 亿～ 2.8 亿年的晚古生代大冰期是陆生高等植物及陆地生态系统建立以来唯一一次记录了地球由冰室气候向温室气候转变的地质时期，当时大气中的二氧化碳和氧气浓度也与现在相当，可以与现今人类生存的冰室气候环境进行很好的类比。

在国家自然科学基金（面上项目 42072035，重点项目 91955201、41630101 等）的资助下，由中国科学院南京地质古生物研究所陈吉涛研究员领衔的国际合作团队，对我国贵州罗甸纳庆和纳绕剖面碳酸盐岩的碳和铀同位素与主微量元素进行测试分析及多重数据模拟（图 3-1-30），发现在石炭纪晚期（约 3.04 亿年前）冰室气候下，约有 9 万亿吨碳在 30 万年内排向大气，碳主要来自于有机质的氧化，可能与欧洲斯卡格拉克大火成岩省与高纬度地区永久冻土的消融相关；该碳排放引起表层海水温度升高约 4℃，全球海洋缺氧面积扩张至 22%，海洋生物多样性显著下降；同时，该研究提出在同样的碳排放速率下，相较于温室气候，冰室气候下的海洋可能出现更严重的缺氧状态（图 3-1-31）。

该研究首次探索了在深时冰室气候下变暖事件的驱动机制及其对海洋和生命系统的影响。这为当前冰室气候下全球变暖及海洋缺氧提供了深时地质类比和借鉴。相关研究结果以 "Marine Anoxia Linked to Abrupt Global Warming during Earth's Penultimate Icehouse" 为题，于 2022 年 5 月 2 日 在 *Proceedings of the National Academy of Sciences of the United States of America*（PNAS）上在线发表。该研究成果一经发表，就被 *Science Daily*

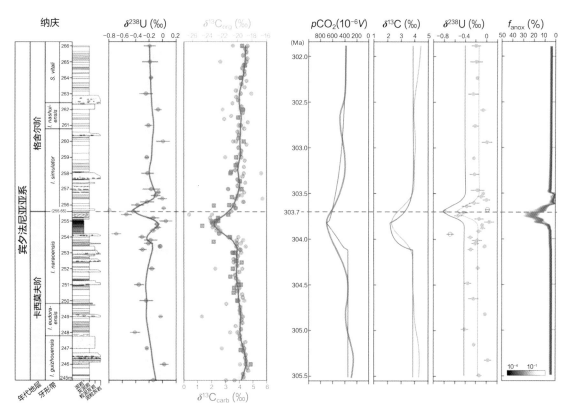

图 3-1-30 贵州罗甸纳庆剖面的碳和铀同位素记录及模拟结果，显示在卡西莫夫期末期出现一次明显的同位素负漂，表明发生了显著的全球碳循环波动及海洋缺氧事件

等国际知名媒体报道，目前已被 *Nature*、*Nature Communications* 等多篇高影响力期刊论文正面引用。

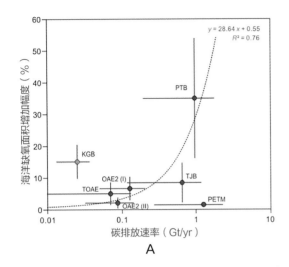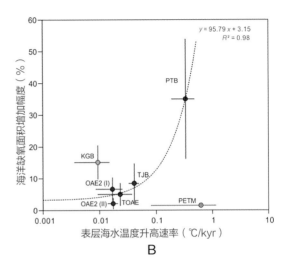

图 3-1-31　晚古生代冰室气候和其他温室气候中的碳排放（A）和海水温度（B）与海洋缺氧程度的关系对比

KGB：石炭纪卡西莫夫期 - 格舍尔期界线全球变暖事件（本研究）[Kasimovian-Gzhelian Boundary Global Warming Event (this study)]；PTB：二叠纪 - 三叠纪界线生物灭绝事件（Permian-Triassic Boundary Mass Extinction Event）；TJB：三叠纪 - 侏罗纪界线生物灭绝事件（Triassic-Jurassic Boundary Mass Extinction Event）；TOAE：侏罗纪托阿尔期大洋缺氧事件（Jurassic Toarcian Oceanic Anoxic Event）；OAE2：白垩纪第二期大洋缺氧事件（Cretaceous Oceanic Anoxic Event 2）；PETM：古新世 - 始新世极热事件（Paleocene-Eocene Thermal Maximum）。

西太平洋板块俯冲起始 - 发育 - 成熟机制研究

板块构造理论是固体地球科学的基石，虽然该理论已提出 50 多年，但其中的板块俯冲是如何开始的这一关键科学问题仍未得到很好的解答。西太平洋伊豆 - 小笠原 - 马里亚纳（Izu-Bonin-Mariana，IBM）岛弧弧前保存有这一过程的岩石记录，是国际地学界关注的焦点。在国家自然科学基金（优秀青年科学基金项目 41922020）等的资助下，中国科学院广州地球化学研究所李洪颜研究员、李翔博士、徐义刚研究员等与国外合作者对 IBM 弧前火成岩样品开展了详细的地球化学研究，提出了新的俯冲起始 - 发育 - 成熟模型。

此前的研究认为 IBM 是地球上自发式起始俯冲的典范，驱动机制为古老太平洋板块（相对菲律宾海板块）在重力作用下的垂向下沉。该研究基于对 IBM 弧前玄武岩和玻安岩的源区组成、俯冲板块脱水 / 熔融温 – 压条件的精确限定，揭示了 IBM 板块俯冲起始表现为太平洋板块侧向挤入原菲律宾海板块之下（图 3-1-32），而非之前认为的垂向下沉，它可能是全球板块构造调整背景之下的被动产物。起始俯冲发生于原菲律宾海板块与太平洋板块之间的转换断层，太平洋板块侧向低角度挤入原菲律宾海板块之下，表层沉积物和蚀变玄武岩被刮削在初生海沟形成增生楔。初始俯冲板块快速下沉和后撤，导致初生地幔楔强烈减压熔融形成弧前玄武岩（51.9～51.3Ma）；俯冲板块进一步下沉，辉长岩洋壳被迅速加热发生熔融，熔体交代初生地幔楔并促使其熔融形成低硅玻安岩。当高角度俯冲成型时，早期增生的沉积物和玄武岩被俯冲进入地幔，受前期俯冲板块的"冰敷"影响，初生地幔楔与俯冲板块的界面温度降低，新俯冲的沉积物和玄武岩无法被加热发生熔融，仅能释放流体，导致低硅玻安岩残留地幔发生进一步熔融形成高硅玻安岩（51.3～50.3Ma）。伴随俯冲带的进一步发育，新的板块物质被源源输入，初生地幔楔进一步降温。到 50Ma 之后，岩浆活动向西迁移约 80km 至小笠原群岛（48～46Ma），至 44Ma 之后，岛弧发育成熟。该研究发现，初始俯冲板块熔融 – 脱水过程无蛇纹岩的贡献，明显有别于成熟岛弧。

该研究成果以"Boron Isotopes in Boninites Document Rapid Changes in Slab Inputs during Subduction Initiation"为题，于 2022 年 2 月 22 日发表在 *Nature Communications* 上。

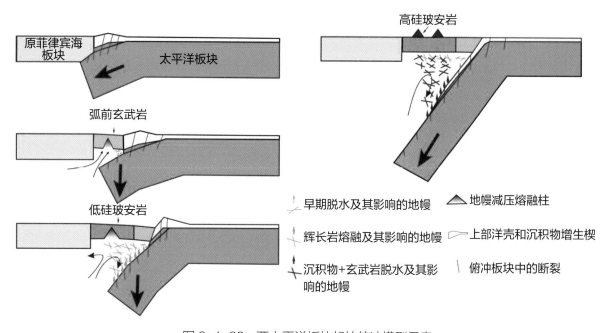

图 3-1-32　西太平洋板块起始俯冲模型示意

古气候演变低纬驱动的机制研究

海洋是地球气候系统最大的热储库。热带印度洋 – 西太平洋暖池是全球表层海温最高、热含量最集中的区域，是整个地球气候系统的"热量和蒸汽引擎"。研究过去的海洋热含量变化及其对海陆间能量 / 水循环的影响不仅可以弥补器测资料的不足，而且可以有效地提高全球变暖背景下水文气候预测的准确性。

在国家自然科学基金（基础科学中心项目 42188102，重大研究计划项目 91958208，面上项目 41976047、42176053）等的资助下，同济大学海洋地质国家重点实验室翦知湣教授团队与海外合作者在古气候演变低纬驱动的机制研究方面取得了新进展，研究成果以"Warm Pool Ocean Heat Content Regulates Ocean-Continent Moisture Transport"为题，于 2022 年 10 月 19 日发表在 *Nature* 上。

该研究利用暖池区 10 个深海岩芯的沉积物样品，提取浮游有孔虫表层种 *Globigerinoides ruber* 和温跃层种 *Pulleniatina obliquiloculata* 壳体 Mg/Ca 比值，分别建立了表层海温和温跃层海温的综合曲线，重建了 36 万年以来暖池上层（0 ～ 200m）海洋热含量的变化，结果与地球气候系统模式（Community Earth System Model, CESM）瞬变数值模拟的热含量曲线变化形态和幅度基本一致；同时，利用浮游有孔虫 *Globigerinoides ruber* 指标重建了暖池区表层海水剩余氧同位素（$^{18}O_{sw}$），结果不仅与暖池热含量变化一致，而且两者与中国石笋记录的大气降雨氧同位素在岁差周期上有反相位变化，并得到了水同位素气候模式 GISS_ModelE2 瞬变模拟的进一步证实。该研究利用现代观测、地质记录和数值模拟等多种手段，从暖池区上层海洋热含量（而非表层海水温度）的角度探索水汽潜热传输，通过海陆之间水同位素梯度来衡量全球季风水循环强度，为亚洲石笋的水汽来源和水汽动力学提供了新的解释（图 3-1-33）。

该研究成果在线发表后，得到美国科学促进会（The American Association for the Advancement of Science, AAAS）、Sci-Tech Daily、Phys.org 和德国、菲律宾等海外的媒体的广泛报道，被认为是"第一次从能量学角度阐释了低纬海洋过程在气候演变中的驱动作用"，"不仅拓展了古海洋与古气候的能量学研究新领域，也为解答海 – 陆水热循环联系提供了最新见解"。

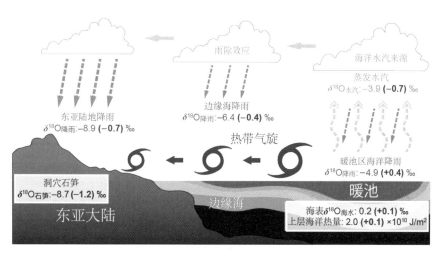

图 3-1-33　海-陆间水循环的氧同位素分馏示意及其与上层海洋热含量和季风的耦合关系

生物质负碳减排技术对推迟气候减排的反馈作用研究

为达到《巴黎协定》将21世纪末全球变暖限制在2℃以内的目标，多数未来减排情景假设温度在短期内超过2℃，而在21世纪下半叶，通过实施大规模生物质能源结合碳捕获与封存技术（bioenergy with carbon capture and storage，BECCS）可实现短时间气候减排，但推迟气候行动会降低用于BECCS的生物质产量、削弱BECCS减排潜力，并影响全球农业。这种气候变化与BECCS减排潜力的反馈机制在目前的综合评估模型中往往被忽略，而该反馈机制对评估气候变化临界点以及各国减排承诺的有效性有着重要的科学意义。

在国家自然科学基金（面上项目41877506）的资助下，复旦大学王戎研究员团队联合国内外多个团队在气候变化与生物质能源减排潜力反馈机制方面开展了研究，综合考虑能源、气候、技术、农业等的相互作用，首次将气候变暖与BECCS减排潜力的反馈机制引入地球系统模型，评估了2030—2100年不同时段启动实施大规模的BECCS负碳技术对控制全球变暖的效用。研究发现，负碳减排技术的反馈会对未来气候变化的长期趋势产生显著影响，受气候变化的负面效应影响，粮食产量和BECCS减排潜力下降，若减排推迟到2060年之后，则将无法实现《巴黎协定》的2℃目标，并威胁全球的粮食安全（图3-1-34）。此外，该研究还考虑了粮食作物短缺对全球粮食供应的影响，当启用BECCS的起始减排时间从2040年推迟到2060年时，2100年出现粮食供应短缺的发展中国家将从81个增加到90个，如果这些国家为了满足粮食需求而扩大粮食种植面积或过多施加氮肥，那么会进一步增加温室气体排放，导致全球变暖加快。

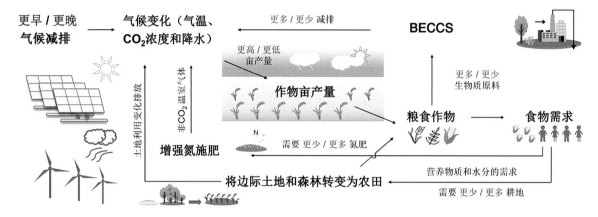

研究成果以"Delayed Use of Bioenergy Crops Might Threaten Climate and Food Security"为题，于2022年9月7日发表在 *Nature* 上。该研究在线发表后，获得新华网、《中国科学报》等媒体的广泛报道，*Nature* 发表评论文章"Declining Crop Yields Limit the Potential of Bioenergy"，并认为"他们提供的令人信服的证据表明等待未来的技术很可能加速全球变暖，并限制我们当前可用的减排技术"。

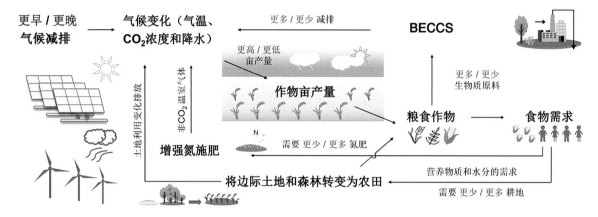

图 3-1-34　气候变化与 BECCS 潜力的相互作用和反馈

超高强塑性纳米合金的研究

在国家自然科学基金（重点项目51931004、青年科学基金项目51601067、面上项目52171011）的资助下，西安交通大学丁向东教授和马恩教授、吉林大学韩双副教授、南京理工大学沙刚教授与澳大利亚悉尼大学廖晓舟教授等合作，在超高强塑性纳米合金研究方面取得重要进展。相关研究成果以"Uniting Tensile Ductility with Ultrahigh Strength via Composition Undulation"为题，于2022年4月13日在 *Nature* 上在线发表。

当金属材料内部的晶粒尺寸减小至纳米尺度时，材料的强度将依 Hall-Petch 关系大幅度提高。但是，当纳米晶金属塑性变形时，位错就极难在如此小的晶粒内部保留下来，导致材料丧失应变硬化能力，很容易发生塑性变形的局域化而导致材料失稳。强度与塑性之间的倒置关系成为制约以纳米结构增强的高性能金属材料发展的重要因素。

针对这一关键科学问题，该研究团队对超高强塑性纳米金属的应变硬化提出了一种新的机制，并依此路径设计了新颖的高性能合金。团队以 NiCo 合金作为模型材料，利用脉冲电沉积工艺，在面心立方单相浓固溶体合金中构筑出了由纳米晶粒（晶粒尺寸 26nm）及其内部多尺度成分起伏（1～10nm）组成的复合纳米结构。制备中有意加剧的成分起伏促成了层错能和晶格应变场的明显起伏，其发生的空间尺度恰好能有效地与位错交互，从而改变位错动力学行为，使位错运动呈现出迟滞、间歇、缠结的特征。一方面，这促使位错在纳米晶粒内部有效增殖存储，提高了材料的应变硬化能力；另一方面，这提高了位错运动的应变速率敏感性，提升了应变速率硬化能力。在应变硬化与应变速率硬化的共同作用下，该纳米合金在超高流变应力水平上展现出独特的强度与塑性的优化配置，达到了单相面心立方金属（包括传统的溶剂－溶质固溶体）前所未有的新高度（图 3-1-35 和图 3-1-36）：材料的屈服强度达到 1.6GPa，最高拉伸强度接近 2.3GPa，拉伸断裂应变可达 16%。

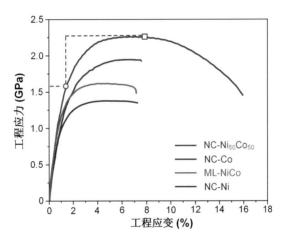

图 3-1-35　$Ni_{50}Co_{50}$ 合金的拉伸工程应变应力曲线。图中还给出了纳米晶 Ni、纳米晶 Co 和多层纳米结构 NiCo 合金在相同应变速率下的拉伸曲线作为参考和对比

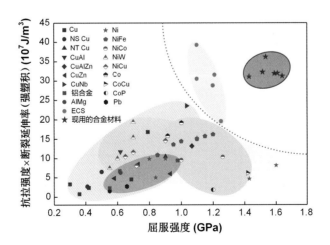

图 3-1-36　纳米晶金属材料屈服强度－抗拉强度 × 断裂延伸率（强塑积）关系图，表明具有多尺度成分起伏的纳米晶 NiCo 合金实现了强度和塑性的协同提升。在不同应变速率下测得的不同批次的纳米晶 $Ni_{50}Co_{50}$ 合金的性能用红色五角星表示

高密度柔性天线机电耦合技术与综合设计平台及应用

　　大型高密度柔性天线广泛应用于陆、海、空、天等领域，是相关装备的"眼睛"和"耳朵"。在国家自然科学基金（重大项目 51490660、优秀青年科学基金项目 51522507、面上项目 51975447）的资助下，西安电子科技大学段宝岩教授团队致力于大型高密度柔性天线机电耦合技术创新及重大工程应用研究。大型高密度柔性天线的形状、结构、制造精度、服役环境等与天线性能之间存在着多重非线性耦合关系不清、高维多因素影响机制不明、难以实现精确设计与性能保障等问题。针对此，该研究团队探明了结构因素、制造工艺及环境因素与大型高密度柔性天线电/磁/热/机性能之间的作用机制，系统地创建了电磁场、结构位移场、温度场的多场耦合理论模型，突破了多场之间耦合信息传递与多学科集成建模、时变不确定性度量、控形控性的定量分析与设计、误差控制与补偿等关键技术，提出了机电热耦合设计、精细制造与性能保障的理论和方法，研制了综合设计平台，实现了天线综合性能的最优配置及服役周期内的保质设计，成功应用于"中国天眼"（图 3-1-37）、我国首部静电成形薄膜天线、首部某型雷达等重大装备。项目创新成果开辟了我国天线技术研究的新领域，使之迈向机电耦合的新阶段，引领了高性能电子装备的跨越式发展，相关成果"高密度柔性天线机电耦合技术与综合设计平台及应用"获得了国家科学技术进步奖一等奖。

图 3-1-37　"中国天眼" 500m 口径射电望远镜

海洋重质油田生产水紧凑绿色处理技术原理及装备

在国家自然科学基金（优秀青年科学基金项目 51722806、国家杰出青年科学基金项目 52025103）等的资助下，华东理工大学杨强教授团队在物理绿色破乳除油机制及装备方面取得了重要进展。应用该项目成果，该研究团队在渤海亿吨级重质油田平台建成了工程装置，破解了生产水制约高含水重质油田产能挖掘的瓶颈性难题，团队负责人杨强因此获得 2022 年"科学探索奖"（能源环境领域）。

海洋油气资源开发是保障国家能源安全的重要举措，重质油田开采会产生大体量生产废水，其中微细重质油滴、乳化油滴稳定存在，且含有沥青质、悬浮物、溶解性有机物等多元污染物成分，处理极为困难。针对此难点，该研究团队创建了油滴碰撞、聚并、破乳微观行为实时原位测试系统，明晰了受双电层静电斥力、短程水化力和空间位阻效应影响下水中油滴的聚并机制（图 3-1-38），发明了亲油纤维前驱油膜诱导油滴快速聚并新方法，将油滴聚并时间由秒级缩短至毫秒级，实现了不采用化学絮凝剂的稠重石油烃的高效物理回收新方法。

将该成果应用于海上亿吨级重质油田平台，设计处理量 24 000m³/d（图 3-1-39）。成套技术较传统"斜板－气浮"除油技术占地面积缩减 80%，实现油泥减量及油类资源绿色回收，支撑平台增产原油超 20 万 m³/ 年，在海上平台关键参数的占地及处理量综合指标、吨水处理成本方面领先国际先进技术水平，解决了苛刻条件下重质油田生产水处理难题，有力支撑了我国海洋油气能源的开发及海洋生态环境保护工作。

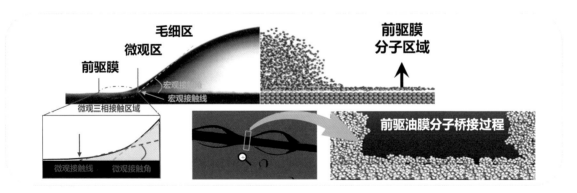

图 3-1-38　前驱油膜诱导油滴快速聚并微观机制

图 3-1-39　海上工程装置

WHP：井口平台（wellhead platform），后续字母为标号；CEP：中心平台（central equipment platform），后续字母为标号；FPSO：浮式生产储油船（floating production storage and offloading）；EPP：岸电平台（electric power platform）。

热 / 电一体化整流研究

在国家自然科学基金（面上项目 51976096、国家重大科研仪器研制项目 51827807、重点项目 52130602）等的资助下，清华大学航天航空学院张兴教授、王海东副教授和材料学院吕瑞涛副教授团队合作，成功开发出首个二维面内异质结热 / 电一体化整流器，在厚度仅 0.7nm 的二维异质结界面上获得了最高 10^4 的电整流比和 96% 的热整流比，创造了纳米尺度下热整流效率的新纪录。该研究成果以 "Simultaneous Electrical and Thermal Rectification in a Monolayer Lateral Heterojunction" 为题，于 2022 年 10 月 14 日发表在 *Science* 上。

芯片是我国核心科技的一个 "卡脖子" 难题，随着芯片尺寸的逐渐缩小，对材料科学和热科学等领域都提出了新的挑战。该研究团队采用常压化学气相沉积方法合成了单层 $MoSe_2$-WSe_2 面内异质结材料，采用高精度纳米定位和电子束曝光加工技术制备得到了具有不同界面转角的悬架 H 形电子器件（图 3-1-40）。实验测量结果显示，单层二维异质结整流器可以承受 60V 的大偏置电压，此时器件的局部热点温升相比无热整流条件降低了约 20%。研究结果有望改变仅依靠外部手段冷却芯片的传统思路，可以通过提高半导体材料自身的导热能力，从根本上解决大功率芯片的散热难题，实现电子芯片热设计的范式创新。

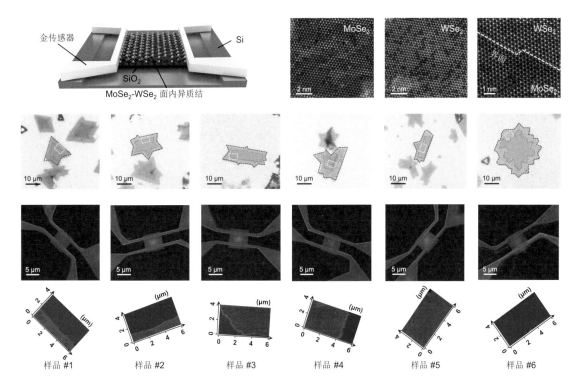

图 3-1-40 不同界面角度 $MoSe_2$-WSe_2 异质结整流器件的制备与表征

深海沉积物保温保压取芯探矿原理与技术的研究

在国家自然科学基金（国家重大科研仪器研制项目 51827901）的资助下，深圳大学、四川大学谢和平教授团队自主研发的深海沉积物（天然气水合物）保温保压取样器海试取得成功。2022 年 9 月 23 日，在海南省深海技术创新中心组织的"深海深渊科考与装备海试共享航次"中，深海沉积物（天然气水合物）保温保压取样器搭载于我国 4 500 米级载人潜水器"深海勇士"号上，在南海 1 370m 水深区域完成既定作业任务，获得了保持原位压力 13.8MPa、温度 6.51℃的深海沉积物（天然气水合物）样品，攻克了深海沉积物（天然气水合物）保压取样技术难题，填补了深海沉积物（天然气水合物）保温取样技术世界空白，实现了全球保温保压沉积物（天然气水合物）样品获取零的突破（图 3-1-41 和图 3-1-42）。该研究为提升深部资源获取能力、探明深地科学规律提供了重要的理论、方法、技术和硬件支撑，同时该研究可辐射至深地领域交叉的医学、微生物学等多个领域，有望促进未来新兴交叉学科的开创与发展。

自 2018 年以来，该研究团队致力于深部原位保真取芯与保真测试技术装备研究，并针对深海沉积物（天然气水合物）保温保压取芯技术瓶颈进行拓展攻关，从无到有，实现了原理创新与技术突破，自主研发了适用于深海低温高压苛刻环境下的多向自触发保压取芯技术、主动＋被动的增强耦合保温取芯技术，形成了具有独立知识产权的我国首套深海沉积物（天然气水合物）保温保压取样、原位保真移位、原位保真测试成套装备，建立了深海物质资源保真勘探全新原理技术体系，实现了深海保真探矿技术装备的国产化与自主化。

此次深海原位保真取样成功标志着我国深海沉积物（天然气水合物）保温保压取芯技术达到了世界领先水平，为我国深海资源勘探开发与海洋科学探索提供了技术装备支撑。

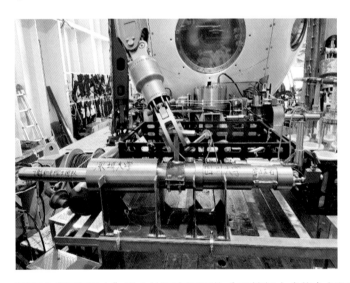

图 3-1-41 搭载于"深海勇士"号上的深海沉积物（天然气水合物）保温保压取样器

图 3-1-42 深海沉积物（天然气水合物）保温保压取样器作业

石墨 / 金刚石相变研究

石墨和金刚石是自然界中最常见的碳材料，几千年来人类一直在广泛地开发和利用。直到 20 世纪中叶，人们在高温高压下才成功将石墨合成金刚石。由于从石墨到金刚石的直接转变是在高温高压的"黑盒子"里进行的，相变机制一直存在很大争议。

在国家自然科学基金（重大项目 52090020、重大研究计划项目 91963203）的资助下，燕山大学田永君教授、赵智胜教授团队在静高压下部分相变的石墨样品中首次观察到并确定了石墨和金刚石之间的共格界面结构，进而阐明了静高压下石墨 / 金刚石相变机制：石墨层通过两种菱形结构基元和两种矩形结构基元局部键合形成共格界面，通过共格界面向石墨区域推进，实现石墨到金刚石的转变（图 3-1-43）。结构基元的不同组合形成了变化多样的共格界面结构，使得在金刚石相变区域形成了丰富的亚结构（层错、孪晶、金刚石多形体等）。这种全新的固 - 固相变机制不同于经典的成核生长和协同切变机制，可能适用于其他的共价材料，如ⅣA 族单质、ⅢA—ⅤA 族化合物等的固 - 固相变过程。

该研究团队将这类具有石墨 / 金刚石共格界面的杂交碳材料命名为 Gradia。Gradia 具有优异的力学性能和电学特性组合：努氏硬度在 51 ～ 115GPa 可调；室温电阻率在 $8 \times 10^{-4} \sim 4.9 \times 10^{5} \Omega \cdot m$ 可调；断裂韧性很高，尚无法采用常规压痕方法进行测量。Gradia 集合了石墨和金刚石的性能优势，并且研究人员可通过改变石墨和金刚石的比例对其性能进行进一步调控，是实现导电 / 超硬、极韧 / 极硬等优越性能组合的新一代高性能碳材料。

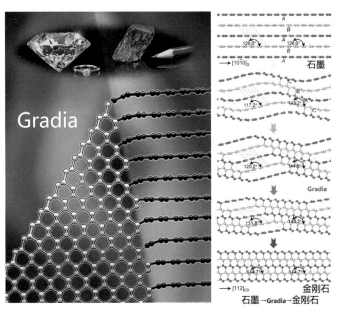

图 3-1-43　石墨 - 金刚石杂交碳（Gradia）的结构以及石墨到金刚石的转变过程

该研究阐明了石墨到金刚石直接相变这一困扰了科学界半个多世纪的难题，发现了全新的固 – 固相变类型，同时发展出一类具有优异力学性能和电学特性的新型碳材料——石墨 – 金刚石杂交碳（Gradia）。Gradia 是中国原创的高性能碳材料，具有导电、超强、超硬、超韧等特性，其综合性能优于传统石墨、金刚石、碳／碳复合材料以及结构陶瓷。目前该研究团队正在发展关键制备和放大核心技术，已成功制备出分米尺寸的块材，这为此类材料的大规模应用奠定了基础。该研究成果以 "Coherent Interfaces Govern Direct Transformation from Graphite to Diamond" 为题，于 2022 年 7 月 6 日在线发表在 *Nature* 上，并已向中国、美国、日本及欧洲申请发明专利。

基于量子纠缠的设备无关量子密钥分发研究

量子密钥分发（quantum key distribution，QKD）使两个远距离通信用户之间共享信息理论安全性的密钥，结合一次一密的加密方式，可确保原理上无条件安全地进行通信。然而，传统 QKD 方案通常需要人们对所使用的设备有一定的了解和信任，而现实条件下设备可能存在的缺陷往往成为攻击者威胁系统安全的侧信道，造成潜在的安全隐患。设备无关量子密钥分发（device-independent quantum key distribution，DI-QKD）基于无漏洞量子力学基础检验，提供了一套全新的不依赖设备具体功能和特性的安全成码方案。基于该协议，不需对设备进行任何标定，通过违背贝尔不等式便可以保证 QKD 的现实安全性，一直受到国内外学术界的广泛关注。然而，DI-QKD 的实现还十分困难，如在光学系统中，现有理论大多要求系统探测效率≥ 90%，这远远超出了当下的技术水平。

在国家自然科学基金（重点项目 62031024、面上项目 61771443）等的资助下，中国科学技术大学潘建伟教授、徐飞虎教授等人组成的研究团队从理论和实验两方面进行了探索研究，提出了设备无关量子通信理论协议，发展构建了高效率的光学量子纠缠系统，实现了 DI-QKD 的原理性演示。

在理论方面，该研究团队提出了随机后选择 DI-QKD 理论方案（图 3-1-44），通过在实验测量结果中随机添加噪声，并将其中包含少量关联信息但拥有较大错误的结果剔除，从而有效提升系统对损耗的容忍度，使得现有技术水平下 DI-QKD 的实现成为可能。在实验方面（图 3-1-45），团队采用周期性极化磷酸氧钛钾（KTiOPO$_4$，KTP）非线性晶体，基于自发参量下转换原理和空间光路参数优化制备了高效率的量子纠缠源，并结合高性能的超导单光子探测器，使系统整体探测效率达到87.5%，超过了以往所有报道的相关光学实验。同时，通过调整非线性晶体的摆放角度来限制其反射参量光，使实验中产生的量子态保真度达到99.5%，进而使系统性能满足理论方案的要求。在此基础上，团队首次实现了基于全光学系统的DI-QKD原理演示，演示实验结果表明：该系统成码率达到466bps，在光纤长度达到220m时仍然可以产生安全的量子密钥。

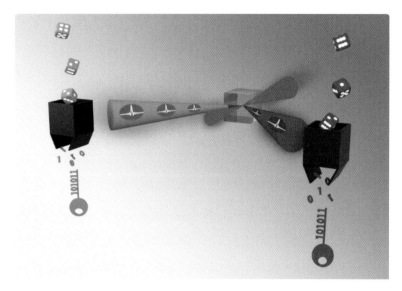

图 3-1-44 设备无关量子密钥分发原理示意

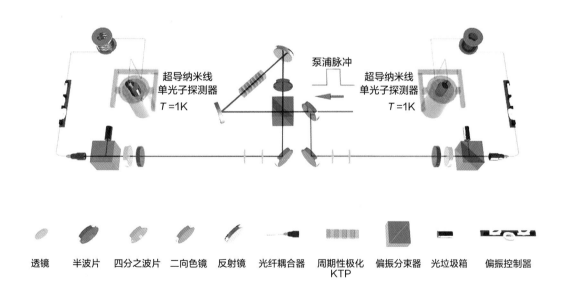

透镜　半波片　四分之波片　二向色镜　反射镜　光纤耦合器　周期性极化KTP　偏振分束器　光垃圾箱　偏振控制器

图 3-1-45 设备无关量子密钥分发实验装置

相关理论和实验成果分别以"Device-Independent Quantum Key Distribution with Random Postselection"和"Toward a Photonic Demonstration of Device-Independent Quantum Key Distribution"为题，于 2022 年 3 月 1 日和 7 月 27 日在线发表在 *Physical Review Letters* 上。该研究对揭示量子力学基础检验和量子信息处理之间内在的深刻联系、发展安全的密钥分发、构建未来的量子网络均具有重要的意义。实验成果被"2022 年诺贝尔物理学奖"官方介绍文件引用，并被美国物理学会下属网站 Physics、Quanta Magazine 等国内外科技媒体专题报道。

异质集成毫米波雷达及其应用研究

当前，摩尔定律的延续已面临严峻挑战，集成电路亟须新的发展方向。三维异质集成技术能够突破被单一半导体工艺限制的系统性能和功能极限，设计出高性能的复杂电子系统，是后摩尔时代集成电路发展的新方向之一。三维异质集成技术的一个关键应用是实现毫米波雷达的小型化、高功率和低噪声，这可以应用于无人系统和物联网等重要领域。

在国家自然科学基金（优秀青年科学基金项目 61822112、重点项目 61831016）等的资助下，上海交通大学毛军发教授、周亮教授团队开展了毫米波异质集成电路的研究。聚焦毫米波异质集成电路设计方法、毫米波异质集成工艺、系统可测性与测试表征方法等三个方面的内容，揭示了异质集成电路的多性能 - 多功能协同机制及其可测性原理，掌握了异质界面生成与工艺量化调控机制。在此基础上，该研究团队自主研发了硅基微机电系统（micro-electro-mechanical systems，MEMS）光敏复合薄膜多层布线异质集成工艺，建立了三维套刻方法，精确埋置了不同材料与厚度的异质芯片，克服了传统工艺中介质层气泡多、预留导电银浆空隙大以及芯片间埋置偏移误差大，导致芯片引脚与光刻版产生位置偏差和错位等问题，大幅缩短了芯片间、芯片与无源器件间的布线长度，实现了 5mm 的最小间距互连，互连通孔损耗仅为 0.15dB，实现了化合物半导体互连结构与互补金属氧化物半导体（complementary metal-oxide semiconductor，CMOS）器件后道工艺的兼容。利用上述异质集成技术，团队研制出了 W 波段毫米波雷达（图 3-1-46），三维集成了硅基锁相环芯片、锗硅（SiGe）收发芯片、氮化镓（GaN）功率放大芯片以及封装天线和电容等无源元件。与传统集成方式相比，三维集成的 W 波段毫米波雷达输出功率提升了 6dB，探测距离大于 1 000m，最高分辨率优于 0.08m（图 3-1-47），而体积缩小了 80% 以上，重量仅为 78g，综合性能指标优于最新文献报道的同频段单一工艺集成的雷达。

　　研究成果以"Low-Loss Heterogeneous Integrations with High Output Power Radar Applications at W Band"为题，于2022年8月27日发表在*IEEE Journal of Solid-State Circuits*（*JSSC*）上。该研究突破了长期阻碍毫米波频段三维异质集成的工艺瓶颈，已形成对外开放的工艺平台，将有助于推动我国集成电路技术领域快速发展。

图 3-1-46　异质集成 W 波段毫米波雷达实物示例

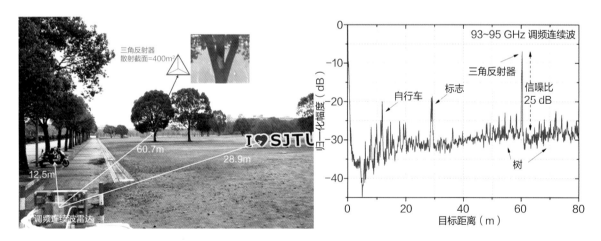

图 3-1-47　异质集成 W 波段毫米波雷达测试场景

面向 CT 脑疾病诊断的鲁棒自适应深度学习方法

脑疾病会破坏大脑的结构和功能，存在很高的发病率和致死致残率，精准、快速的脑疾病诊断对患者的救治具有重要意义。目前，深度学习在医学辅助诊断工作中展现出了巨大的潜力，但构建高精度、可泛化的深度学习辅助诊断系统，往往需要海量、高质量标注的训练数据集。因此，迫切需要新的深度学习技术，以便采用更低成本、更高效率的方式构建高精度、可泛化的智能辅助诊断系统。

在国家自然科学基金（国家重大科研仪器研制项目 61727808、创新研究群体项目 62021002、国家杰出青年科学基金项目 81825012）等的资助下，清华大学戴琼海教授团队联合解放军总医院娄昕教授团队，在面向 CT 脑疾病诊断的鲁棒自适应深度学习方法研究方面取得了重要突破（图 3-1-48）。

（1）针对医学领域对准确性、泛化性和可解释性的迫切需求，提出了鲁棒自适应的深度学习算法，利用海量医学影像报告中自动提取的低质量信息来指导脑 CT 影像中疾病的识别与定位，实现了脑出血、脑梗死、脑肿瘤和颅骨骨折等常见颅脑部疾病的诊断，提升了诊断的准确率、泛化性和可解释性。

（2）针对低质量标签带来的鲁棒学习难题，提出了自监督的标签置信度评估方法，构建了置信度引导的深度神经网络训练框架，克服了标签错误带来的负面影响，实现了在不准确标签上的鲁棒学习。

（3）针对不精准标注导致定位误差的难题，提出了加权的多实例学习框架，构建了注意力引导的神经网络决策可视化模块，实现了多维影像数据中的病灶精准定位和决策线索的可视化。

基于以上理论研究成果，该研究团队研发了面向 CT 脑疾病辅助诊断系统，在全国多家单位开展了测试应用，通过回顾性、前瞻性、跨中心的多项实验验证了其优越的诊断性能。该研究成果于 2022 年 6 月 17 日发表在 *Lancet Digital Health* 上。*Lancet* 同期发布的评论文章评价该系统"可以显著提升放射科医生的诊断准确率，其进一步推广将助力脑部疾病的临床诊断水平提升，支撑精确治疗，未来也可能改变医疗保健和生物医学研究的格局"。该算法和系统有望改变我国脑疾病研究和临床诊断格局。

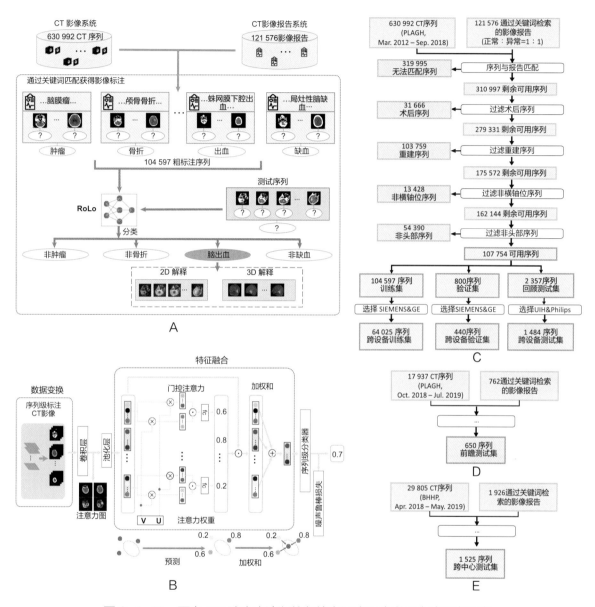

图 3-1-48　面向 CT 脑疾病诊断的鲁棒自适应深度学习方法研究示意

A. 面向 CT 脑疾病诊断的鲁棒自适应深度学习系统框架；B. 鲁棒自适应深度学习算法；C. 训练数据、回顾测试集、
跨设备测试集构建流程；D. 前瞻测试集构建流程；E. 跨中心测试集构建流程

全自主微型飞行机器人集群技术研究

在国家自然科学基金（青年科学基金项目 62003299、基础科学中心项目 62088101）的资助下，浙江大学控制科学与工程学院及浙江大学湖州研究院高飞副研究员、许超教授团队在微型空中机器人集群领域取得了进展。研究成果以 "Swarm of Micro Flying Robots in the

Wild"为题，于 2022 年 5 月 5 日以封面文章形式在线发表在 *Science Robotics* 上。

目前，空中机器人集群如何从结构化人为环境走向不确定性的野外环境是一个公认的难题，面临着算力受限、感知受限、通信受限三大挑战。为解决这一难题，该研究团队从鸟群飞行中获得灵感，通过解耦目标函数计算中的时空参数，实现了优化变量与轨迹刻画中间变量间的线性复杂度映射，建立了高效的时空优化技术，保证了微型空中机器人集群的通行安全性、动力学可行性、时间最优性以及轨迹平滑性等特性。因此，即使在极为受限的复杂环境中，微型空中机器人集群也可在几毫秒内规划出高质量轨迹，这极大地提高了系统执行任务的效率和可扩展性。

该研究成果中的微型空中机器人集群不依赖外部定位和计算设施，在仅靠机载摄像头、机载计算芯片资源和传感器的情况下，突破了野外复杂树林环境下的感知与定位、航迹生成、多智能体通信等多项核心技术。空中机器人集群通过相互之间的无线通信，完成了轨迹共享、互相避障、协同飞行、多机目标追踪等多项任务挑战。空中机器人仅为手掌大小，重量小于一罐可乐。实物实验中群体规模为 10 架，仿真实验中群体规模超过 50 架。飞行器在狭窄空间的避障飞行速度为 2.5m/s，在空旷空间达到 10m/s，滞空超过 10min，可在复杂环境中自主到达指定位置并返回（图 3-1-49）。

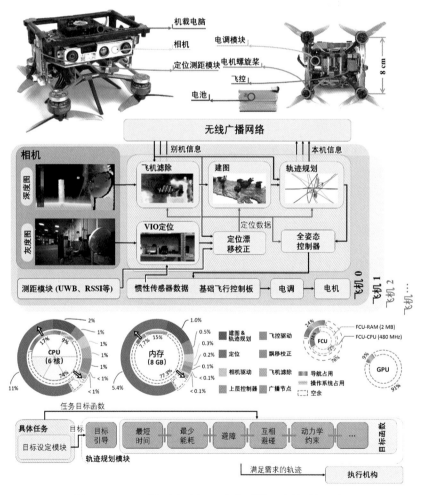

图 3-1-49　微型空中机器人集群软硬件架构示意

UWB: 超宽带（ultra-wideband）；RSSI: 接收信号强度（received signal strength indicator）；VIO: 视觉惯性里程计（visual inertial odometry）。

该研究成果实现了空中机器人在超低空、强密集、无规则的自然复杂环境中集群自主飞行，相关技术在空中机器人集群的智能性、灵巧性、协同性、鲁棒性等多个方面处于领域领先水平。*Science Robotics* 同期 Focus 栏目发表专评："作为国际首个可分布式运行于非结构化场景的集群系统，该研究为机器人社区提供了瞩目贡献，迈出了无人机集群走出受限实验室场景的重要一步；不仅是为森林探索，更是为人类环境中安全至上的大量任务提供了方案，如飞行于行人存在的街道和建筑内。"目前，该成果已被中国政府网、新华社、《科技日报》，以及美国科学促进会、《泰晤士报》、法新社等国内外主流媒体、学术机构相继报道。

"原子乐高"固态量子模拟器研究

精确描述复杂系统及其演化规律，如量子多体系统，远远超出了传统计算机的计算能力。例如，要研究由 100 个相互作用的电子组成的多体系统，描述系统的集体行为和演化规律，就超出了目前世界上最强大的超级计算机的算力。这已成为未来计算领域发展面临的一个挑战。

在国家自然科学基金（重点项目 62034004、优秀青年科学基金项目 62122036、国家杰出青年科学基金项目 61625402、创新研究群体项目 61921005）等的资助下，南京大学缪峰教授团队利用"原子乐高"的方式，构筑了一种全新的计算硬件－固态量子模拟器，在模拟复杂量子系统并进行有效动力学演化方面取得了重要进展，主要创新成果如下：

（1）构筑了基于转角石墨烯莫尔超晶格体系的新型固态量子模拟器（图 3-1-50A），成功模拟了内禀自由度可调的同位旋扩展哈伯德模型（图 3-1-50B），开辟了一种新的研究复杂量子系统演化规律的技术途径。

（2）在模拟器中成功模拟了一个由约 10 000 个相互作用的电子组成的量子多体系统，观测到一种新型的电子晶体——广义同位旋维格纳晶体，并在其量子融化过程中观测到"量子两步临界性"（图 3-1-50C），首次证实了临界中间态的存在。

（3）首次观测到"量子赝临界性"（图 3-1-50D），揭示了维格纳晶体量子融化过程中量子临界性的类别对其内禀自由度维度的依赖关系，解决了围绕维格纳晶体量子融化过程的长期争议。

以上研究成果以"Tunable Quantum Criticalities in an Isospin Extended Hubbard Model Simulator"为题，于 2022 年 9 月 14 日发表在 *Nature* 上。*Nature* 同期 News &

Views 栏目发表专评，评价该研究"提供了可以用最简单的模拟器调控展示复杂量子相变的一个平台"。北京大学谢心澄教授和美国得克萨斯大学达拉斯分校张帆教授在 *National Science Review* 的 Research Highlight 栏目撰文，高度评价该研究成果。该研究成果不仅让理解复杂系统和准确预测其演化规律成为可能，也为未来面向不同应用场景，开发可高密度集成、高度可调并易于读取的固体量子模拟器迈出了重要一步。

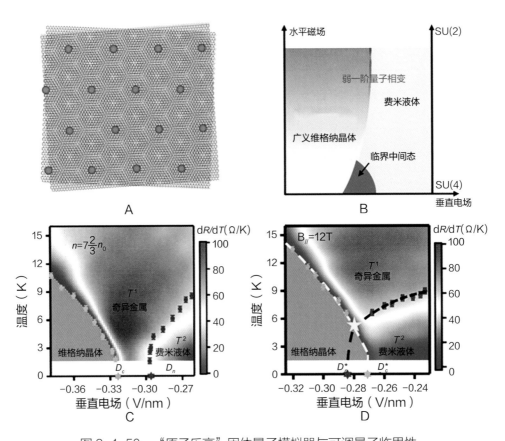

图 3-1-50 "原子乐高"固体量子模拟器与可调量子临界性

A. 模拟器器件核心结构：转角双层 – 双层石墨烯；B. 内禀自由度与丰富可调性；
C. 量子两步临界性；D. 量子赝临界性

亚纳米栅长晶体管研究

1965 年，英特尔（Intel）公司创始人戈登·摩尔（Gordon Moore）提出了著名的"摩尔定律"。晶体管是芯片的核心元器件，更小的栅极尺寸能使芯片上集成更多的晶体管，并带来性能的提升。然而，随着晶体管的物理尺寸进入纳米尺度，短沟道效应也越来越严重，这使

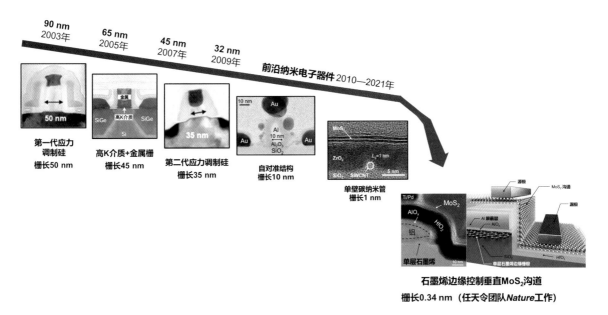

图 3-1-51   该研究实现了亚纳米栅长的晶体管

得对新结构和新材料的开发迫在眉睫。根据 IRDS2021
（国际器件和系统路线图 2021，International Roadmap
for Devices and Systems 2021），目前工业界主流晶体
管的栅极尺寸在 12nm 以上，如何促进晶体管关键尺寸
的进一步微缩，引起了研究人员的广泛兴趣。学术界在
极短栅长晶体管方面进行了一定的探索。2012 年，日
本产业技术综合研究所报道了基于绝缘体上硅实现 V 形
平面无结型晶体管，等效物理栅长仅为 3nm。2016 年，
美国加利福尼亚大学伯克利分校和斯坦福大学报道了基
于碳纳米管物理栅长为 1nm 的平面硫化钼晶体管。

在国家自然科学基金（优秀青年科学基金项目
62022047、面上项目 61874065）的资助下，清华大
学集成电路学院任天令教授团队及合作者在小尺寸
晶体管研究方面取得了新的进展，首次实现了具有

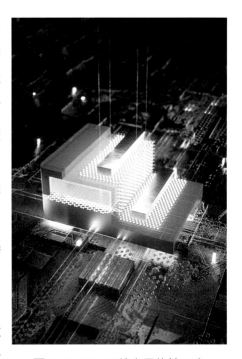

图 3-1-52   亚纳米晶体管示意

亚 1nm 栅极长度的晶体管，并具有良好的电学性能（图 3-1-51）。相关成果以 "Vertical
MoS_2 Transistors with Sub-1-nm Gate Lengths" 为题，于 2022 年 3 月 9 日在线发表在
Nature 上。

为进一步突破 1nm 以下栅长晶体管的瓶颈，任天令教授团队巧妙利用石墨烯薄膜超薄的单原子层厚度和优异的导电性能，将石墨烯薄膜作为栅极，通过石墨烯侧向电场来控制垂直的 MoS_2 沟道的开关，从而将等效的物理栅长降为 0.34nm（图 3-1-52）。通过在石墨烯表面沉积金属铝并自然氧化的方法，完成了对石墨烯垂直方向电场的屏蔽。该研究发现，由于单层 MoS_2 薄膜比半导体硅材料具有更大的有效电子质量和更低的介电常数，在超窄亚 1nm 物理栅长控制下，晶体管能有效地开启、关闭，其关态电流在皮安（pA）量级，开关比可达 10^5，亚阈值摆幅约为 117mV/dec。纽约州立大学 Huamin Li 教授高度评价该研究将栅极尺寸缩小到仅一层碳原子厚度，认为在短时间内要打破这一纪录是困难的。此外，大量、多组实验测试数据结果也验证了该结构下的晶体管具有大规模应用的潜力。

该研究推动了栅极尺寸进一步发展到亚 1nm 级别，同时为二维薄膜在未来集成电路中的应用提供了参考依据。

道德风险语境下最优确定性契约存在性

道德风险问题广泛存在于经济社会管理中，是现代经济学的重要领域之一。其关键科学问题之一是在信息不对称和利益不完全一致的情况下，委托人如何设计最优的激励机制来引导代理人选择最佳的努力水平，达到最佳的资源配置结果。然而，要分析委托人为代理人提供最优契约的性质，一个重要的基础性前提条件是该最优契约是否存在。理论上，如果对契约的范围不施加先验的限制性条件（如契约空间的序贯紧性和一致有界性），那么是否存在最优契约仍是一个开放的挑战性问题。

在国家自然科学基金（重大项目 72192800、青年科学基金项目 71803202）的资助下，浙江大学柯荣住教授与中山大学徐欣毅助理教授的合作研究团队围绕一般性设定下的经典道德风险问题，提出了一种研究最优确定性契约存在性的方法，取得如下创新成果：

（1）考察了在经典道德风险模型框架下，当委托人及代理人关于契约中的现金支付均具有凹性的效用函数时，最优确定性契约（产出与支付之间存在一一对应关系）存在的充分必要条件。

（2）为了更好地运用于现实场景并与已有文献相关联，提出了一系列易于检验的方法（充分条件），如：①当委托人和代理人关于现金支付的边际效用之比不收敛时；②当代理人关于现金支付的边际效用可以随支付的增加趋近于零时；③当产出或信号本身有限时。在上述任何情形下，均可以验证此道德风险问题中的最优确定性契约的存在性，从而为后续的刻画与分析提供理论基础。

（3）基于莫里斯（Mirrlees）的经典设定，通过比较极端惩罚性合同和极端奖金合同的微妙差别，验证了霍姆斯特姆（Hölmstrom）所提出的极致的奖励一般比极致的惩罚更"昂贵"的猜想。

研究成果以"The Existence of an Optimal Deterministic Contract in Moral Hazard Problems"为题，于2022年10月29日在线发表在 *Economic Theory* 上。

上述理论的一个常见应用场景是确认在企业家具有道德风险（即企业家努力是不可观测的、企业家与出资人的利益不完全一致）的融资安排中最优契约的存在性。如果企业家受有限责任约束保护（以至于当项目失败时，无法极致惩罚企业家），出资人也受预算约束限制（以至于当项目成功时，无法最大化奖励企业家），那么根据该研究结论，肯定可以找到一种最优的融资合同（例如债权和股权的某种组合），使得在尽量不损害企业家积极性的情况下，保证出资人的投资回报。

该研究的方法可以进一步拓展到更一般的效用函数（委托人及代理人），并且可以从已有的一对一委托代理模型推广至多个代理人的情形。此外，这种方法也可以推广应用于平台经济与治理中有关复杂的激励问题的设计和分析。

动态拼车服务运营优化研究

作为共享出行的代表，动态拼车服务在节约出行里程、减少交通碳排放方面具有巨大的潜力。以纽约为代表的大城市出租车数据显示，若现有出租车订单全部转化为动态拼车订单，则可减少30%的出租车运力，大大降低城市交通运营的碳排放量。但服务的实时性和需求的时空不确定性给动态拼车平台的运营，特别是定价和派单决策带来了巨大的困难，这导致现有的动态拼车服务用户体验差，难以被广大用户接受。

在国家自然科学基金（创新研究群体项目72021002、优秀青年科学基金项目72022013等）的资助下，同济大学张小宁教授团队从提升动态拼车平台服务水平的角度出发，在动态拼车运营决策的几个关键难点上，取得如下创新成果：

（1）对不同时空分布的动态拼车需求之间复杂的匹配和竞争关系进行了解析与建模，揭示了订单差异化的拼车成功潜力的形成机制，回答了动态拼车模式下订单的拼车成功率与路网中需求时空分布之间的关系。

（2）提出了国际上首个动态拼车订单拼车成功率、期望绕行里程和期望共乘里程预测方法，且在不同的匹配条件和需求强度场景下均能取得理想的预测效果（图3-1-53），为动态拼车的定价和派单优化提供了重要基础。

（3）以预测模型和预测信息为基础，提出了考虑未来匹配机会的前瞻性动态拼车派单策略，克服了传统派单策略短视的缺陷，能够提升总节约里程 5% 以上；提出了动态拼车定价全局优化模型和方法，与局部定价优化相比，能增加平台利润 8% 以上。

该研究成果分别发表在 *Transportation Research Part B* 和 *Transportation Science* 上。上述研究成果能够帮助人们更加深入地理解拼车系统内部复杂的关联性，为提升动态拼车的运营效率提供了新的有力工具和方法，促使动态拼车服务在缓解城市交通拥堵和减少城市碳排放方面发挥更大、更重要的作用。

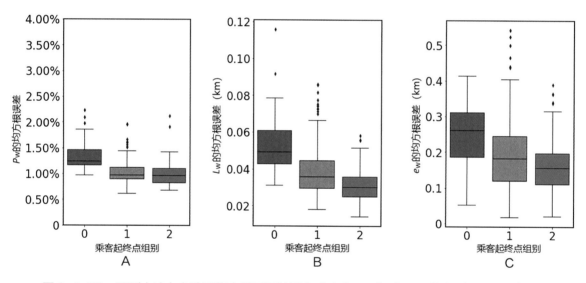

图 3-1-53　预测方法在实验网络中关于订单拼车成功率 P_w（A）、平均行驶里程 L_w（B）和平均共乘里程 e_w（C）预测的均方根误差

在线平台的信息共享契约设计

在线平台作为流行的交易场所之一，可利用 5G、物联网等技术手段捕捉用户潜在的需求信息，进而为制造商和第三方卖家提供标准化、个性化的数据共享服务，从而提高国民经济的运行效率。

在国家自然科学基金（重大项目 72091210、面上项目 71971205）等的资助下，中国科学技术大学余玉刚教授和查勇教授研究团队聚焦在线平台的信息共享机制设计问题，对平台在不同运营模式下向上游制造商和下游第三方卖家提供信息共享服务开展研究，取得以下创新成果。

（1）为在线平台的信息共享契约设计提供了理论基础。该研究团队利用博弈论、凸优化以及逆向归纳的方法建立了标准化的信息共享理论模型，给出了不同运作模式下平台对多个供应链主体的信息共享策略空间分布（图3-1-54）。同时，该研究团队还探讨了制造商采取更为灵活的两部计费合同以及外部零售商竞争对平台信息共享策略的影响。

（2）揭示了影响平台信息共享契约设计的关键因素：竞争强度、信号精准度与订单履行成

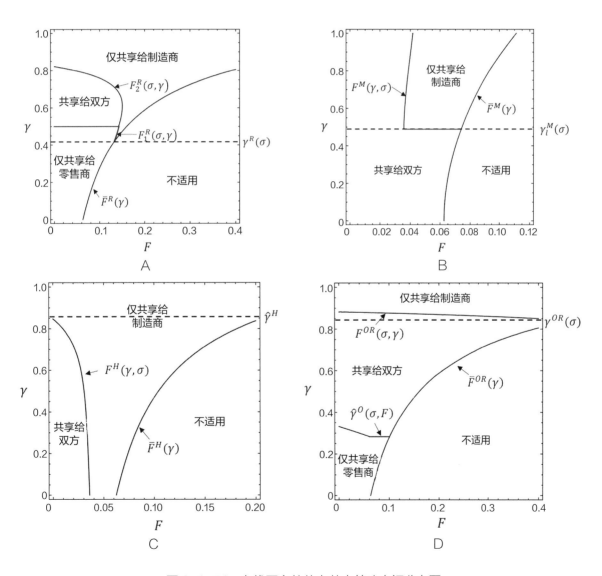

图 3-1-54　在线平台的信息共享策略空间分布图

A.转售模式；B.代理模式；C.混合模式；D.外部零售商竞争

本。由谁支付订单履行成本是转售模式平台和代理模式平台之间的关键性差异。该研究团队发现订单履行成本通过影响平台的佣金决策，进而对平台信息共享契约的机制设计与策略选择起到关键作用。此外，预测信息的精准度不会影响采取转售模式平台的信息共享策略，但会影响代理模式平台的信息共享策略。

（3）证实了信息泄露在平台信息共享中的正面效应。信息泄露是信息共享中的一个重要问题。传统的研究认为信息泄露会给供应链带来负面效应。该研究团队基于平台供应链的信息泄露问题进行了深入探讨，发现竞争强度是影响制造商是否泄露信息的一个至关重要的因素。当竞争强度较高且信号精确度适中时，制造商为了避免信息价值转移，会释放低需求的信号来削弱第三方卖家冒险订货的动机，进而削弱竞争效应的负面影响，使信息泄露可能对平台有利。

相关研究成果以 "Strategic Information Sharing of Online Platforms as Resellers or Marketplaces" 为题，于 2022 年 10 月 18 日在线发表于 *Marketing Science*，且为不同运营模式的平台在如何设计信息共享契约等决策问题上提供了详细的指导意见。同时，该研究从信息泄露的角度揭示了某些电商平台愿意给上游制造商共享信息的内在动机。

基于我国共同富裕目标的企业社会责任研究

"企业既有经济责任、法律责任，也有社会责任、道德责任。"如何引导企业履行社会责任，推动企业参与共同富裕目标的实现是亟待探讨的一个现实问题。

在国家自然科学基金（重大项目 72091314、重点项目 71632002、面上项目 71572003）的资助下，北京大学姬俊抗博士、肯塔基大学黄智博士和香港中文大学（深圳）李琦博士立足于企业社会责任研究领域，深入研究了高管内疚情绪对企业社会责任行为的影响。该研究成果以 "Guilt and Corporate Philanthropy" 为题发表在 *Academy of Management Journal* 上。

该研究发现了高管的内疚情绪在驱动企业履行社会责任方面的积极作用。通过定量分析、定性访谈和实验分析三种研究方法发现，当企业战略决策或行为给他人或社会造成伤害时，决策者会产生内疚情绪，并在事后通过企业慈善捐赠的方式进行补偿。伤害的严重程度、企业高管是否对伤害行为负责等能够影响有伤害行为企业的捐赠力度（图 3-1-55）。

该研究对现有理论和文献做出了两个方面重要的突破和贡献：一是该研究创造性地提出并检验了高管内疚情绪对企业履行社会责任的积极影响，挑战了企业为获取利润最大化而履行社会责任的传统观点，为未来进一步探究企业社会责任的微观基础开辟了新的方向，拓展了企业社会责任研究的前沿；二是该研究借鉴心理学中的内疚理论，率先将其引入战略管理研究中，证明了高管内疚情绪在企业战略决策过程中的重要作用，丰富了战略管理的研究。

同时，该研究也为政策制定者和企业管理者提供了一些切实可行的实践启示。一方面，企业管理者可以通过表达自身的内疚和实施合理补偿来改善自身和员工，乃至企业和公众之间的关系，提升企业内部凝聚力和公众形象。另一方面，社会各界可以通过唤醒企业高管的内疚情绪来促使企业履行更多的社会责任，将企业发展战略与共同富裕目标紧密联系起来，实现企业和社会的共生共益。

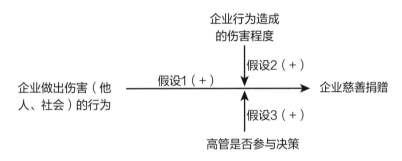

图 3-1-55　内疚情绪影响企业慈善捐赠的理论模型

绿色包容的经济刺激方案研究

在国家自然科学基金（青年科学基金项目 71904201、专项项目 72140002）的资助下，清华大学王灿教授团队评估了后疫情时期全球 26 个国家不同经济刺激方案对经济和就业的影响，揭示了刺激方案在低碳、效率和公平方面的平衡关系，为各国制定更绿色、包容的经济刺激方案以协同应对经济复苏、公平改善和气候变化减缓提供决策支撑。该研究成果以 "The Perceived Effectiveness and Hidden Inequity of Postpandemic Fiscal Stimuli" 为题，于 2022 年 4 月 25 日发表在 *Proceedings of the National Academy of Sciences of the United States of America* 上。

新冠疫情给全球社会经济带来的巨大冲击，与日益加剧的不平等、气候变化风险等危机交织在一起，成为人类历史上面临的最严峻挑战之一。为了应对疫情带来的经济萧条，一些国家或地区先后提出一揽子经济刺激方案，在紧急经济救助、公共卫生、教育、研究等领域投入了数万亿资金。

该研究基于疫情暴发以来的出行大数据、疫情管控措施等信息，建立了扩展的全球疫情自适应模型（extended adaptive regional input-output，E-ARIO），模拟了疫情通过影响劳动力供给和终端需求冲击经济、刺激方案通过影响直接投资或拉动需求促进经济复苏的过程，评估了全球 26 个国家不同刺激方案在拉动经济与改善就业方面的有效性和公平性。

该研究结果显示，现行的经济刺激方案虽然相较于无刺激方案，可以有效减少经济损失和增加就业，但存在加大不同技能人群收入差距的风险。而低碳刺激方案可以在有效拉动经济的同时，使全球收入不平等率降低 2% ～ 3%，实现低碳绿色、经济有效性和社会公平性之间的平衡。

垄断互联网平台的数字化通证发行机制设计研究

在国家自然科学基金（重大项目 72192841）的资助下，香港大学深圳研究院游杨副研究员与哈佛大学经济学系 Kenneth Rogoff 教授合作，研究了垄断互联网平台发行数字化通证（或代币，token）的理论可行性以及对其相关的机制设计与监管问题。该研究成果以 "Redeemable Platform Currencies" 为题，于 2022 年 5 月 31 日发表在 *The Review of Economic Studies* 上。

随着技术模糊了金融和科技公司之间的界限，以及交易技术创新不断颠覆市场，许多大型互联网平台正在发行或考虑发行自己的数字化通证。原则上，拥有庞大零售客户群的科技公司和互联网平台，通过确保其数字化通证可用于平台内部的使用、兑换和流通，在数字货币场景落地具有天然优势。大多数早期数字支付实践集中在平台内部的使用便利（如 Uber 和 Lyft 的账户现金），有些则开始于平台内，后来扩展到平台外更广泛的应用（如支付宝和微信支付）。同时，许多应用程序和游戏提供了虚拟货币的形式，用于内部的支付与交换。

该研究搭建了一个理论框架来讨论平台发行数字化通证的设计机制，包括是否允许用户彼此交易、是否允许平台回购等。该研究发现，平台存在激励以限制数字化通证的流动，以及平台倾向于基于用户的交易历史记录来构建数字化通证价格机制，从而提升数字化通证的价值。如果数字化通证交换市场仅由平台消费者组成，那么平台倾向于限制数字化通证的自由流转。也就是说，除非平台能够产生足够高的平台外便利收益，否则平台一般可以通过发行不可交易的数字化通证来获得更高的收益。同时，该研究团队又进一步讨论了消费者剩余问题，发现垄断平台使用用户历史数据会进一步降低消费者剩余，提升平台利润。从监管角度来看，应当着重考虑垄断互联网平台的数据使用，是进一步侵蚀消费者剩余，还是更好地服务用户，提升效率。该研究结果显示，在自由竞争的环境下，监管无须对平台数据使用进行监管，但是在垄断存在的情况下，数据使用监管是设计数字化通证的必要一环。

脂肪－大脑间通信介导糖尿病认知功能障碍的机制研究

糖尿病会显著增加认知障碍的发生风险，严重影响老年人的健康生存状态。相关临床研究表明，控制血糖不能保护认知功能，因此需要进一步揭示糖尿病认知功能障碍的发生机制，寻找治疗糖尿病认知功能障碍的新策略。脂肪组织外泌体作为一种新型脂肪因子，可参与脂肪组织与其他外周组织器官间的生物信号传递以及代谢调控，但能否介导脂肪组织与大脑信息的交流目前尚不明确。

在国家自然科学基金（重点项目82030026，青年科学基金项目82100868、82000775）的资助下，南京大学医学院附属鼓楼医院毕艳教授团队利用脂肪移植和多种外泌体示踪技术，发现脂肪组织来源的细胞外囊泡（extracellular vesicles，EVs）是外周组织和大脑间通信的重要生物学介质，阐明了脂肪组织衍生的EVs及其内容物miRNAs在糖尿病认知功能障碍发生中的重要作用（图3-1-56）。

该研究的主要创新成果及其应用价值如下：①利用脂肪移植和多种外泌体示踪技术，发现了肝脏来源的EVs不能介导外周组织和大脑间通信，而脂肪组织来源的EVs是达成两者通信的重要生物学介质；在胰岛素抵抗及糖尿病状态下，脂肪组织来源的EVs携带的内容物miRNAs导致海马突触丢失和认知功能损伤。②利用小RNA测序和转录组测序技术，识别了脂肪组织来源的EVs中造成糖尿病认知功能损伤的系列关键分子，发现人和小鼠共有的致病分子miR-9-3p通过靶向下调对神经突触功能维持至关重要的分子脑源性神经营养因子（brain derived neurotrophic factor，BDNF），造成神经突触丢失，进而导致认知功能损伤。③利用病毒介导的基因沉默技术，证实了靶向脂肪组织衍生的EVs或其内容物miRNAs可显著减缓糖尿病认知功能障碍的发生。

上述成果以"Extracellular Vesicles Mediate the Communication of Adipose Tissue with Brain and Promote Cognitive Impairment Associated with Insulin Resistance"为题，于2022年9月6日在线发表于 Cell Metabolism（图3-1-57）。该研究揭示了脂肪－大脑间的通信机制，阐明了脂肪组织衍生的EVs及其内容物miRNAs在糖尿病认知功能障碍发生中

的重要作用。该成果被 *Nature Reviews Endocrinology* 评为全球脂肪研究领域 2022 年度五大进展之一。多位同行专家一致认为，该研究将脂肪组织和认知功能障碍联系起来，可能为认知功能障碍的治疗提供了潜在靶点和创新思路。

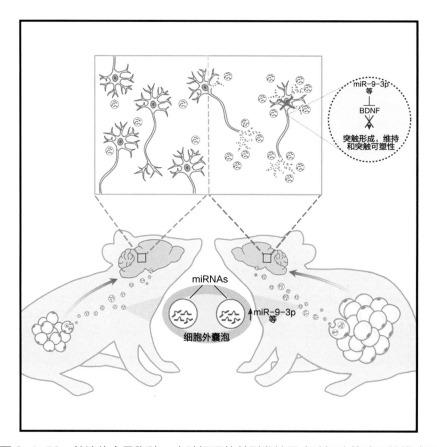

图 3-1-56　外泌体介导脂肪 – 大脑间通信并引发糖尿病认知功能障碍的模式图

Cell Metabolism

 CellPress

Article
Extracellular vesicles mediate the communication of adipose tissue with brain and promote cognitive impairment associated with insulin resistance

Jin Wang,[1,5] Liang Li,[2,3,5] Zhou Zhang,[1] Xuhong Zhang,[2] Ye Zhu,[1] Chenyu Zhang,[4] and Yan Bi[1,6,*]
[1]Department of Endocrinology, Drum Tower Hospital Affiliated to Nanjing University Medical School, Nanjing 210008, China
[2]State Key Laboratory of Pharmaceutical Biotechnology, School of Life Sciences, Nanjing University, 163 Xianlin Avenue, Nanjing 210023, China
[3]Institute for Brain Sciences, Nanjing University, 163 Xianlin Avenue, Nanjing 210023, China
[4]Nanjing Drum Tower Hospital Center of Molecular Diagnostic and Therapy, State Key Laboratory of Pharmaceutical Biotechnology, Jiangsu Engineering Research Center for MicroRNA Biology and Biotechnology, NJU Advanced Institute of Life Sciences (NAILS), NJU Institute of AI Biomedicine and Biotechnology, School of Life Sciences, Nanjing University, Nanjing 210023, China
[5]These authors contributed equally
[6]Lead contact
*Correspondence: biyan@nju.edu.cn
https://doi.org/10.1016/j.cmet.2022.08.004

图 3-1-57　*Cell Metabolism* 文章封面（在线发表）

骨髓造血驱动多发性硬化进展的研究

在国家自然科学基金（重点项目 81830038、重大研究计划项目 91949208、面上项目 82171284）的资助下，天津医科大学总医院刘强教授和施福东教授团队研究发现多发性硬化（multiple sclerosis，MS）患者的骨髓造血系统出现异常髓系增生，进而驱动多发性硬化进展的新机制，并提出了免疫干预的新策略。该研究成果以"Bone Marrow Hematopoiesis Drives Multiple Sclerosis Progression"为题，于 2022 年 6 月 23 日发表在 *Cell* 上（图 3-1-58）。

MS 是一种由自身免疫机制导致的中枢神经系统炎性脱髓鞘疾病，是青壮年残疾的最主要病因。该研究团队系统地分析了 MS 患者在疾病活动期骨髓造血系统的特征，发现自身反应性 T 细胞在趋化因子

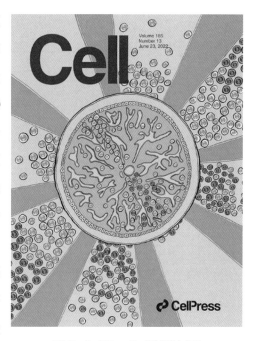

图 3-1-58　*Cell* 当期封面

（C-X-C 基序）配体 12（chemokine ligand C-X-C motif chemokine ligand 12，CXCL12）的引导下归巢至骨髓，通过高表达 CC 类趋化因子配体 5（C-C motif chemokine ligand 5，CCL5）激活骨髓造血干细胞及其下游的髓系祖细胞（common myeloid progenitor，CMP）→粒细胞 - 单核细胞前体（granulocyte-monocyte progenitor，GMP），造成异常髓系增生，进而导致 T 细胞克隆扩增、引发 MS 神经炎症和自身免疫反应进展。结合谱系示踪和四聚体分析技术，该研究团队发现骨髓造血干细胞分化增生的髓系细胞可在骨髓和脑内扩增自身反应性 T 细胞，加重神经炎症和脱髓鞘损伤（图 3-1-59）。该研究团队提出了"修饰骨髓造血系统，回归免疫稳态，从而减轻中枢神经系统自身免疫和炎性损伤"的观点。基于以上发现，该研究团队主持开展了靶向骨髓造血系统的免疫干预能否减轻神经炎症并改善患者预后的多中心临床研究（NIH 临床试验登记号：NCT05154734、NCT05369351），并应欧洲神经免疫学会、瑞典 Karolinska 学院 Maja Jagodic 教授和国际神经免疫学会主席、加拿大科学院院士 Wee Yong 教授邀请分别作特邀报告，*Life Medicine*、*Clinical and Translational Medicine* 等国际期刊对相关研究成果予以了专文评述。国际专家高度评价该成果为通过靶向骨髓免疫治疗多发性硬化等神经免疫疾病带来了新的希望。

既往对 MS 发生机制的理解局限于淋巴结等外周免疫器官产生的自身免疫性 T 细胞，忽

视了骨髓这一中枢免疫器官在 MS 发病中的潜在作用。该研究揭示了 MS 活动期患者骨髓造血功能的异常表现及其对神经病变的驱动作用，开拓了"骨髓免疫驱动神经免疫疾病进展"这一新领域，为 MS 等神经免疫疾病的治疗提供了新途径。

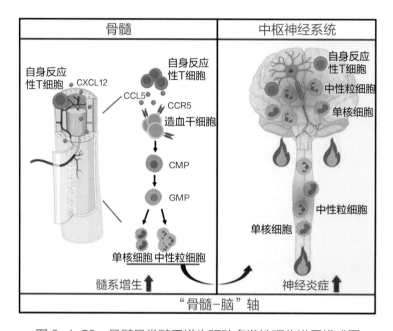

图 3-1-59　骨髓异常髓系增生驱动多发性硬化进展模式图

CCR5：趋化因子受体 5（C-C chemokine receptor）。

广谱新冠病毒疫苗免疫原构建新策略研究

在国家自然科学基金（重大项目 81991491）等的资助下，厦门大学夏宁邵教授联合香港大学管轶教授、福建省妇幼保健院曹华教授等在广谱新冠病毒疫苗的免疫原构建新策略方面取得了进展，研究成果以"Lineage-Mosaic and Mutation-Patched Spike Proteins for Broad-Spectrum COVID-19 Vaccine"为题，于 2022 年 10 月 17 日发表在 *Cell Host & Microbe* 上（图 3-1-60）。

SARS-CoV-2 变异株的不断出现给疫苗的有效性带来了巨大挑战，病毒刺突蛋白（S 蛋白）的氨基酸突变可能导致病毒对自然感染或疫苗接种诱导的免疫产生逃逸，因此迫切需要发展可实现广谱保护效应的新冠病毒疫苗。发展广谱新冠病毒疫苗的关键是构建能够诱导广谱保护的免疫原。该研究团队提出了"谱系嵌合－突变补丁"免疫原构建策略，即通过对抗原性差异大的毒株 S 蛋白的结构域进行嵌合重组和突变改造，评价筛选免疫原组合，以实现更广谱的抗原性覆盖。研究人员将 B.1.620 变异株 S 蛋白的 N 端结构域与 Gamma 变异株的受体结合域（receptor binding domain，RBD）、S2 亚基嵌合重组，并在此基础上引入其他影响抗原性的 RBD 突变，成功构建了免疫原性强、抗原性与原型 S 蛋白（STFK）互补的嵌合免疫原。其中，由 STFK 和嵌合免疫原组成的二价疫苗在动物中诱导了高滴度的广谱中和抗体，能有效中和各类变异株，包括 Omicron BA.1、BA.1.1、BA.2、BA.2.12.1、BA.2.75、BA.4 和 BA.5（图 3-1-61）。值得一提的是，新的嵌合免疫原在 Omicron 变异株出现前已设计构建，却能高效诱导针对 Omicron 各种变异株的广谱中和抗体，这表明该研究提出的免疫原构建新策略具有一定的前瞻性。国际

图 3-1-60 *Cell Host & Microbe* 当期封面

同行专家高度评价该成果，认为"基于该策略的广谱免疫原有望为广谱新冠病毒疫苗研发提供候选方案"。因此，该研究阐明了新冠病毒变异株 S 蛋白的抗原性和免疫原性特征，为开发 COVID-19 通用疫苗提供了新思路。

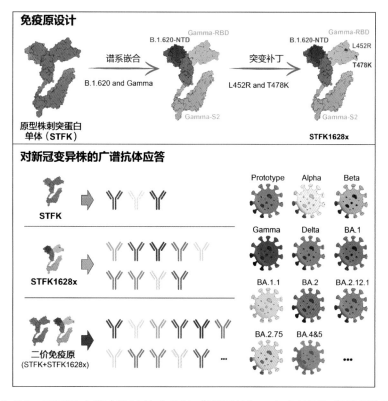

图 3-1-61 可诱导广谱中和抗体应答的"谱系嵌合 - 突变补丁"免疫原构建策略

结核分枝杆菌与宿主互作机制研究

结核病（tuberculosis，TB）是由结核分枝杆菌（*M. tuberculosis*，Mtb）感染引起的一类重大慢性传染病。已有研究提示，炎症小体 – 细胞焦亡通路在宿主抵抗 Mtb 等病原体感染的过程中发挥了重要作用，但 Mtb 逃逸这一重要宿主免疫应答的机制目前尚不清楚，鉴定 Mtb 调控宿主炎症小体 – 细胞焦亡通路的关键效应蛋白有助于阐明 TB 的致病机制并发现潜在的 TB 治疗新靶标。

在国家自然科学基金（国家杰出青年科学基金项目 81825014、重点项目 31830003、优秀青年科学基金项目 82022041 等）的资助下，中国科学院微生物研究所刘翠华研究员团队在 Mtb 与宿主互作机制研究方面取得了新进展，揭示了 Mtb 利用磷脂磷酸酶 PtpB 劫持宿主泛素进而拮抗 Gasdermin D（GSDMD）介导的细胞焦亡的病原免疫逃逸机制，为 TB 的治疗提供了基于病原 – 宿主互作界面的新思路和潜在的新靶标（图 3-1-62）。

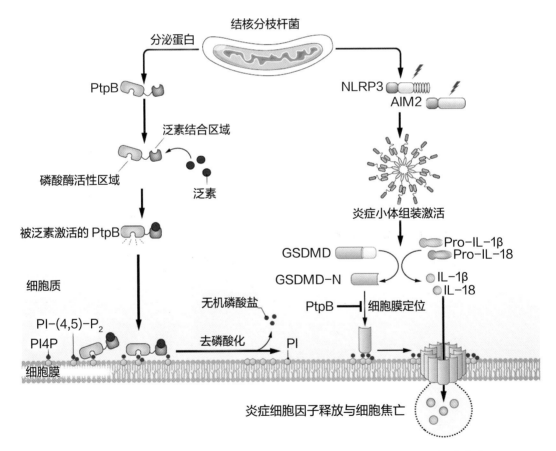

图 3-1-62　结核分枝杆菌劫持泛素调控宿主的膜脂稳态进而抑制细胞焦亡

IL-1β：白介素 -1β（inter leukin-1β）；IL-18：白介素 -18（inter leukin-18）。

该研究的主要创新点如下：①筛选关键病原蛋白。通过在 HEK293T 细胞中构建黑色素瘤 2（absent in melanoma 2，AIM2）和 NOD 样受体热蛋白结构域相关蛋白 3（NOD-like receptor thermal protein domain associated protein 3，NLRP3）炎症小体的重组系统，对 Mtb 编码的真核样分泌蛋白进行了全面筛选，从而鉴定出 Mtb 分泌的蛋白磷酸酶 PtpB 是宿主炎症小体 - 细胞焦亡通路的潜在抑制分子。②探明 PtpB 抑制细胞焦亡的宿主靶标分子。证实 PtpB 依赖其磷脂磷酸酶活性使宿主细胞质膜上的磷脂酰肌醇 -4- 单磷酸（phosphatidylinositol-4-phosphate，PI4P）与磷脂酰肌醇 -(4，5)- 二磷酸 [phosphatidylinositol-4，5-bisphosplate，PI-(4，5)-P_2] 发生去磷酸化，从而抑制 GSDMD 的 $N-$ 末端效应结构域在质膜上聚集，最终抑制细胞焦亡。③发现调控 PtpB 磷脂磷酸酶活性的特定分子。证实 PtpB 通过真核样泛素结合模序（UIM-like motif）与宿主泛素结合以增强自身的磷脂磷酸酶活性，进而高效发挥抑制细胞焦亡的功能。

上述成果以 "A Bacterial Phospholipid Phosphatase Inhibits Host Pyroptosis by Hijacking Ubiquitin" 为题，于 2022 年 10 月 14 日在线发表于 *Science*（图 3-1-63）。*Nature Reviews Microbiology* 资深编辑 Andrea Du Toit 为该研究发表亮点评述，认为该成果揭示了病原 - 宿主互相拮抗与共进化的新机制；病原感染研究领域专家 Volker Briken 教授在 *Cell Host & Microbe* 上发表评述，认为该研究提示靶向 PtpB 是增强卡介苗疫苗（Bacillus Calmette-Guérin vaccine，BCG）免疫保护效力的潜在新途径；泛素化修饰研究领域专家 Ivan Dikic 教授在 *Molecular Cell* 上对该成果进行点评，认为该研究提示靶向 PtpB- 泛素互作界面是结核治疗的新策略；炎症小体 - 焦亡研究领域专家 Mo Lamkanfi 在 *Current Biology* 上发表评述，认为该研究开辟了磷脂磷酸酶调控细胞焦亡的研究新视角。

该研究揭示了 Mtb 劫持宿主泛素调控宿主的膜脂稳态进而抑制细胞焦亡的免疫逃逸新途径，其研究结果提供了基于 PtpB- 泛素 - 磷酸肌醇 - 焦亡信号通路的 TB 治疗新思路和潜在新靶标。

图 3-1-63　*Science* 当期封面

高体温诱发脏器损伤的机制研究

热射病（heat stroke）又称重度中暑，是由环境温度过高、体温调节功能失调或体内热量过度积蓄造成的持续高体温诱发的一种危重症，常发生于夏季高温高湿天气，以多脏器损伤为重要临床特征。随着全球气候变暖，热射病的患病率逐年升高，被世界卫生组织（World Health Organization，WHO）列为威胁全球人类生命健康的重要公共卫生问题。然而，目前高体温导致脏器损伤与死亡的机制尚不完全明确。

在国家自然科学基金（国家杰出青年科学基金项目82025021、重点项目81930059、面上项目81801888）的资助下，中南大学湘雅三医院吕奔教授团队在高体温诱发脏器损伤与死亡的研究方面取得了重要进展，揭示了热射病发生发展的致病机制，即持续高体温通过诱发Z-DNA 结合蛋白 1（Z-DNA binding protein 1，ZBP1）与受体相互作用蛋白激酶 3（receptor interaction protein kinase 3，RIPK3）依赖的程序性细胞死亡，导致弥散性血管内凝血、多脏器损伤甚至死亡（图 3-1-64）。

该研究的主要创新点如下：①揭示了高体温导致脏器损伤与死亡的关键环节为诱发大量程序性细胞死亡，颠覆了以往的主流观点——高体温通过物理性损伤直接造成细胞与脏器损伤，证实了高体温诱导的致死效应主要依赖 RIPK3 与其磷酸化底物混合系列蛋白激酶样结构域（mixed lineage kinase like，MLKL）介导的程序性细胞坏死，小部分依赖 RIPK3-caspase-8 途径介导的细胞凋亡与焦亡，从而为热射病的防治提供了潜在的治疗靶标。②明确了 ZBP1 是高温导致 RIPK3 活化与程序性细胞死亡的关键分子，阐明了高体温导致的 ZBP1 活化依赖其 RIP 同型相互作用序模序（RIP homotypic interaction motif，RHIM）结构域而非 Zα 结构域，揭示了胞质内存在诱发程序性细胞死亡的"温度感受器"。

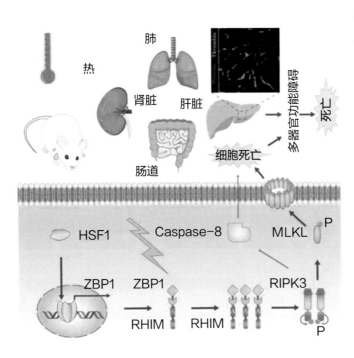

图 3-1-64　高体温诱导细胞程序性死亡及多脏器损伤的机制模式图

HSF1：热休克转录因子 1（heat shock transcription factor 1）。

上述成果以"Z-DNA Binding Protein 1 Promotes Heatstroke-Induced Cell Death"为题，于 2022 年 5 月 5 日在线发表于 *Science*（图 3-1-65）。该研究发现了热射病的重要致病机制，为热射病的防治提供了新的理论基础和潜在治疗靶标，受到国际顶尖专家 Douglas R. Green 的高度评价。*Nature Reviews Nephrology*、*Trends in Cell Biology* 等顶级国际期刊对相关研究成果予以了亮点评述，认为该研究创新性地发现了高热是非典型的 ZBP1/RIPK3 诱导程序性细胞死亡的激活信号，进而引起多脏器功能衰竭甚至死亡。此外，该研究还发现了 ZBP1 活化不依赖既往研究认为的 Zα 结构域的新方式，可能为重症中暑多脏器功能损伤干预提供了潜在靶标和创新策略。

图 3-1-65 *Science* 当期封面

代谢酶作为蛋白磷酸酶调控基因转录及肿瘤生长研究

代谢酶除了发挥其为细胞提供必要的物质和能量的经典功能外，还能通过一些非经典 / 非代谢的功能调控多种细胞活动以及肿瘤的发生发展。近年来，人们已证实多种代谢酶具有蛋白激酶活性，但代谢酶在肿瘤细胞中能否行使蛋白磷酸酶的功能目前仍不得而知。

糖异生是将非糖物质转变成葡萄糖或糖原的过程。果糖 -1, 6- 二磷酸酶（fructose-1, 6-bisphosphatase，FBP）是糖异生的限速酶，其功能是将果糖 -1, 6- 二磷酸转变成果糖 -6- 磷酸，该酶受腺苷一磷酸（adenosine monophosphate，AMP）别构抑制。肿瘤细胞在营养缺失及能量应激状态下，会发生 ATP 减少以及 AMP 积累，进而引起 FBP1 原有的代谢激酶活性被别构抑制。

在国家自然科学基金（基础科学中心项目 82188102、重点项目 82030074、面上项目 82173114）等的资助下，浙江大学转化医学研究院吕志民教授等在代谢酶 FBP1 作为蛋白磷酸酶调控基因转录及肿瘤生长研究方面取得了新进展，研究成果以"Fructose-1,

6-Bisphosphatase 1 Functions as a Protein Phosphatase to Dephosphorylate Histone H3 and Suppresses PPARα-Regulated Gene Transcription and Tumour Growth"为题，于 2022 年 10 月 20 日 在 线 发 表 于*Nature Cell Biology*（图 3-1-66）。

该研究发现，在能量应激条件下，FBP1 被赋予了新的生物学功能。正常肝细胞中，能量应激导致蛋白激酶 RNA 样内质网激酶 1（protein kinase RNA-like endoplasmic reticulum kinase, PERK1）磷 酸 化 FBP1 的 S170，使 FBP1 的糖异生代谢酶功能受到抑制，并诱导其单体进入细胞核。FBP1 在核内与转录因子过氧化物酶体增殖物激活受体 α（peroxisome

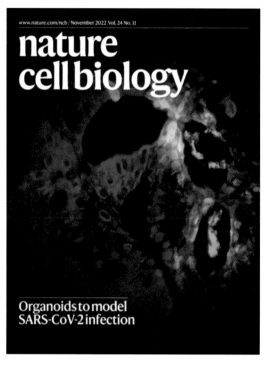

图 3-1-66 *Nature Cell Biology* 当期封面

proliferator-activated receptor α，PPARα）结合，PPARα 启动子区域组蛋白 H3 的 T11 去磷酸化，抑制了 PPARα 介导的脂肪酸氧化相关基因转录和线粒体内脂肪酸氧化，导致能量缺失和细胞凋亡。但在肝癌细胞中，却演化出新的调节机制，抑制了上述 FBP1 的功能。肝癌细胞中糖基转移酶 *O*- 连接 -*N*- 乙酰葡糖胺转移酶[*O*-linked *N*-acetylglucosamine (GlcNAc) transferase，OGT]高表达，促进 FBP1 S124 *O*- 糖基化，抑制了 FBP1 S170 磷酸化及细胞核易位，使 FBP1 蛋白磷酸酶功能缺失，促进了 PPARα 介导的线粒体脂肪酸氧化，为肿瘤细胞在能量应激条件下的生长和存活提供了充足的能量（图 3-1-67）。

该研究首次揭示了代谢酶 FBP1 可作为蛋白磷酸酶发挥抑癌功能，而肿瘤细胞中 FBP1 的 *O*- 糖基化或 FBP1 的缺失 / 低表达使其无法发挥抑癌功能，从而导致肿瘤的发生发展。该研究成果为靶向调节 FBP1 蛋白磷酸酶功能的抗肿瘤药物开发提供了新的理论依据。

2022 年 10 月 20 日，*Nature Cell Biology* 发表专题新闻与评论，评价该研究开拓了一个代谢酶可以行使蛋白磷酸酶功能的全新的研究领域。2022 年 10 月 27 日，*Nature Cell Biology* 发表代谢专题报道，肯定了该研究为首次报道代谢酶具有蛋白磷酸酶的功能。此外，*Protein & Cell* 发表评论文章，充分肯定该研究的科学价值。

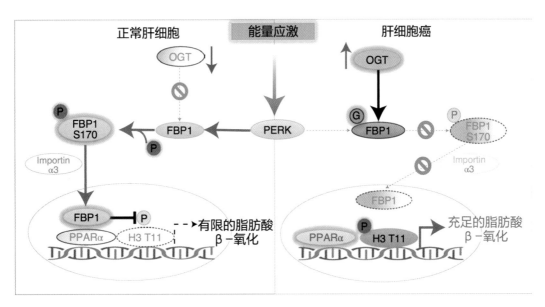

图 3-1-67　FBP1 的蛋白磷酸酶活性在正常肝细胞和肝癌细胞中比较

Importin α3：输入蛋白 α3；P：磷酸化；G：糖基化。

长距离自由空间高精度时间频率传递研究

在国家自然科学基金（国家杰出青年科学基金项目 T2125010、61825505）等的资助下，中国科学技术大学张强教授等与上海技术物理研究所、中国科学院新疆天文台、中国科学院国家授时中心、济南量子技术研究院及宁波大学等单位合作，在国际上首次实现了百公里级的自由空间高精度时间频率传递，有效验证了星地链路高精度光频标比对的可行性，向建立广域光频标网络迈出了重要一步。该研究成果以 "Free-Space Dissemination of Time and Frequency with 10^{-19} Instability over 113 km" 为题，于 2022 年 10 月 5 日发表在 *Nature* 上。

近年来，基于超冷原子光晶格的光波段原子钟（光钟）的稳定度已进入 10^{-19} 量级，将形成新一代的时间频率标准（光频标），结合广域、高精度的时间频率传递，可以构建广域时频网络，在精密导航定位、全球授时、广域量子通信、物理学基本原理检验等领域发挥重要作用。进一步的，高轨空间具有更低的引力场噪声环境，理论上光频标和时频传递的稳定度能够进入 10^{-21} 量级，有望在引力波探测、暗物质搜寻等物理学基本问题的研究方面实现重大应用。

然而传统的基于微波的卫星时频传递稳定度仅有 10^{-16} 量级，无法满足高精度时频网络的需求。虽然基于光频梳和相干探测的自由空间时频传递技术的稳定度可以达到 10^{-19} 量级，是高精度时频传递的发展趋势，但此前国际上的相关工作信噪比低、传输距离近，难以满足星地链路高精度时频传递的需求。

该研究团队发展了全保偏光纤飞秒激光技术，实现了瓦级功率输出的高稳定光频梳；基于低噪声平衡探测和集成干涉光纤光路模块，结合高精度相位提取后处理算法，实现了纳瓦量级的高灵敏度线性光学采样探测，单次时间测量精度优于 100fs；进一步提升了光传输望远镜的稳定性和接收效率。在上述技术突破的基础上，该研究团队在新疆乌鲁木齐成功实现了 113km 自由空间时频传递，时间传递万秒稳定度达到飞秒量级，频率传递万秒稳定度优于 4×10^{-19}，系统相对偏差为 $6.3 \times 10^{-20} \pm 3.4 \times 10^{-19}$，系统可容忍最大链路损耗高达 89dB，远高于中高轨星地链路损耗的典型预期值（约 78dB）（图 3-1-68）。

图 3-1-68 百公里高精度时频传递实验示意

综上，该研究解决了百公里级高精度时间频率传递这一难题，充分验证了星地链路高精度光频标比对的可行性，为构建广域时频网络，服务量子通信、精密导航、全球授时等应用奠定了良好基础。

低缺陷核酸自组装研究

在国家自然科学基金（国家杰出青年科学基金项目 T2125001，重大项目 21991134，面上项目 21875003、21974113，重点项目 21735004）等的资助下，北京大学孙伟研究员团队与厦门大学朱志教授团队合作，在亚 10nm 周期核酸结构中，探索了晶格缺陷的有效抑制方法。相关成果以"Suppressing High-Dimensional Crystallographic Defects for Ultra-scaled DNA Arrays"为题于 2022 年 5 月 16 日发表在 *Nature Communications* 上。

高分辨纳米加工方法的快速发展不断推动纳米器件的小型化进程，但光刻纳米加工方法受限于光学衍射极限，分辨率的进一步提升面临着很多困难。以核酸自组装为代表的精准自组装技术具有单分子尺度分辨率与复杂三维定制形貌，为纳米器件尺寸进一步缩减至光学衍射极限以下提供了可能。目前，核酸自组装结构已初步应用于制备具有 10～20nm 特征周期的碳基、硅基器件，器件关键尺寸优于目前的极紫外光刻分辨率极限。然而，当核酸自组装结构的特征周期进一步缩减至亚 10nm 时，邻近晶格往往在熵致作用下发生融合，大幅度增加位错等晶格缺陷的生成概率，破坏了核酸自组装结构的有序性，也影响了其在高分辨纳米加工中的应用潜力。

该研究团队以周期性核酸阵列作为模型体系，通过对结构缺陷的形貌及组装动态过程进行分析，研究了高维晶格缺陷的关键调控因素。该研究发现，高维晶格缺陷的形成与自由摆动的核酸单链嵌入相邻晶格的动态过程密切相关。随着核酸序列周期的减小，核酸单链嵌入相邻晶格的用时变短，缺陷生成的动态过程快于邻近晶格的正确组装过程，处于主导地位。序列周期越小，晶格缺陷越容易生成，核酸序列周期与缺陷生成概率呈负相关。为了抑制小间距阵列的高维晶格缺陷生成，需要在相邻形貌单元中引入正交核酸序列，在不改变阵列形貌的基础上，增大核酸序列的周期，选择性抑制缺陷生成的动态过程。基于这一正交序列策略所设计的 7.5nm 周期核酸阵列，其缺陷生成概率可以比传统设计策略降低两个数量级以上（低于 1%），并且阵列周期远优于下一代极紫外光刻的特征尺寸。低缺陷的核酸阵列可以进一步作为模板，介导加工高密度三维金属线阵列（如钯、镍，图 3-1-69）。

在生物分子介导的高分辨纳米加工领域，该研究将为进一步制造亚 10nm 周期的功能材料阵列奠定基础。同时，在亚 10nm 周期内，量子传输特性开始占据主导，因此该研究未来也具有应用于全固态量子器件的潜力。

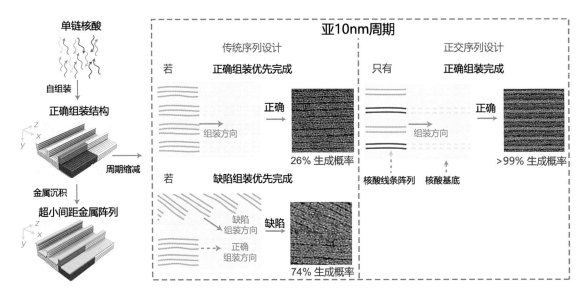

图 3-1-69　亚 10nm 周期核酸结构的缺陷抑制

二维材料磁电耦合理论研究

在国家自然科学基金（国家杰出青年科学基金项目 T2125004，青年科学基金项目 12004182，面上项目 11774173、11674295）的资助下，南京理工大学阚二军教授团队在二维材料磁电耦合理论研究方面揭示了二维范德瓦耳斯体系中室温下铁电序对磁序的调控机制，相关研究成果以 "Toward Room-Temperature Electrical Control of Magnetic Order in Multiferroic van der Waals Materials" 为题，于 2022 年 5 月 31 日发表在 *Nano Letters* 上。此外，该研究团队还与中国科学技术大学曾华凌教授团队、北京大学戴伦教授团队合作，在室温二维铁电半导体研究方面取得了新突破，相关研究成果以 "Room-Temperature Ferroelectricity in 1T'-ReS$_2$ Multilayers" 为 题， 于 2022 年 2 月 8 日 发 表 在 *Physical Review Letters* 上。

铁电材料方向可随外加电场调控自发极化，在传感器和信息存储方面有着广泛的应用潜力。随着微纳集成技术的飞速发展，铁电元件微型化、集成化、多功能化成为未来的发展趋势，纳米尺度下铁电性能的研究一直是新型功能材料的关注热点。但随着研究的推进，在进一步减薄材料的过程中又出现了新的界面效应和尺寸问题。如何在二维或更低维度材料中整合铁电性、铁磁性以及磁电耦合性质，继而发展出多稳态、多功能的纳米电子设备，已成为研究者追求的目标之一。

阚二军团队及其合作者揭示了范德瓦耳斯二维磁电体系中室温电控磁序相变机制。他们设计了一类具有室温铁磁铁电性和垂直于表面的铁电极化的二维过渡金属碳 / 氮化物材料,这类材料与 MXenes 家族有着类似的结构,具有良好的化学稳定性,且有望通过化学气相沉积等方法进行制备。研究结果表明,这类二维磁电多铁体系中存在明显的自旋 - 电荷相互作用(图 3-1-70),铁电极化方向翻转会导致自旋的空间分布发生变化,从而显著影响层间磁耦合,导致铁磁 - 反铁磁序相变,实现室温电控磁序相变。

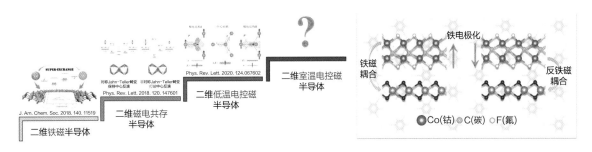

图 3-1-70 范德瓦耳斯多铁体系中的室温电控磁效应

此外,阚二军团队及其合作者还通过理论与实验结合,成功观测到具有半导体性质的两层及少层 1T' 相二硫化铼(ReS₂)的室温铁电极化(图 3-1-71)。研究表明,双层 ReS₂ 的居里温度约为 405K,高于室温,且存在垂直极化方向的铁电性质。该研究团队基于双层 ReS₂ 的垂直铁电性成功制作出铁电隧道结器件,充分展现了二维铁电材料在微纳电子器件领域的应用前景。

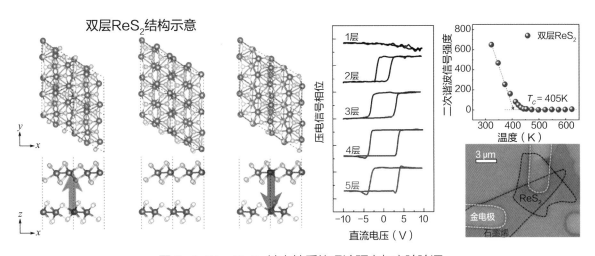

图 3-1-71 ReS₂ 铁电性质的理论预言与实验验证

该系列成果为二维材料量子态调控提供了新途径,为实现强磁电耦合效应提供了新思路,并为新型铁电元器件的设计和开发奠定了理论基础。

光子张量处理芯片研究

在国家自然科学基金（国家杰出青年科学基金项目 T2225023）等的资助下，上海交通大学邹卫文教授团队提出了光子学与计算科学交叉的创新思路，研制了实现高速张量卷积运算的新型光子张量处理芯片，相关成果以 "High-Order Tensor Flow Processing Using Integrated Photonic Circuits" 为 题， 于 2022 年 12 月 28 日 发 表 在 *Nature Communications* 上。

多维数据堆叠构成的张量形式是数据处理的高效形式，有利于发掘数据中的内在结构特征，在雷达、通信、人工智能、生命科学等领域得到了广泛应用。随着未来信息技术的发展，数据生成速度呈爆炸式增长，海量数据的多维堆叠及其高效快速处理成为当前面临的重要科学挑战。为应对这一挑战，传统电学处理器通常采用通用化矩阵乘法（generalized matrix multiplication，GeMM）策略将高阶张量运算转化成为矩阵乘法运算，将多级嵌套的循环运算转化为并行运算，通过提升计算核心数量来提高张量处理的整体速度。然而，GeMM 策略依赖于数据的大量复制，需要额外内存占用以及内存与处理器间的反复通信开销，这是提升多维数据张量运算速度的核心瓶颈之一。

该研究团队提出了基于光子集成手段构建张量运算过程的学科交叉研究思路，该思路既可发挥出光学的宽带高速特性，将运算时钟频率提升至数十千兆赫兹，又可利用光学的多自由度直接表征张量数据的不同维度。该思路无须进行张量到矩阵的转换，可实现输入张量到输出张量的流式计算（图 3-1-72）。

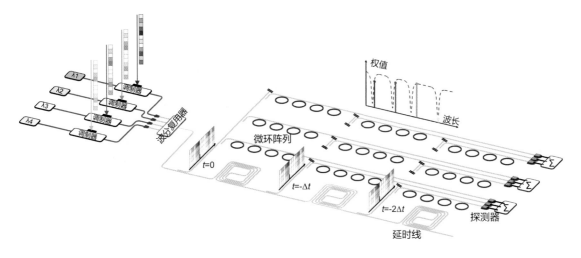

图 3-1-72 光子张量处理芯片的原理架构

基于这一创新思路，该研究团队设计并研制了一款光子张量处理芯片（图3-1-73）。该芯片综合利用了光学的波长、空间与时延三个自由度，在多通道图像上成功验证了时钟频率为20GHz的高速张量卷积运算，芯片算力密度为588GOP/（s·mm²），后续通过提升光子器件集成规模有望达到1TOP/（s·mm²）。研究团队利用该芯片构建了用于视频动作识别的卷积神经网络（图3-1-74），网络中的卷积层在光子张量处理芯片上完成，最终在KTH视频数据集上实现了97.9%的识别准确率，接近理想识别准确率98.9%。该研究成果表明，光子集成芯片可在超高时钟频率下实现张量流式处理，解决额外内存占用与访存问题，为构建高性能计算、宽带信号处理等先进信息系统提供了新的技术途径。

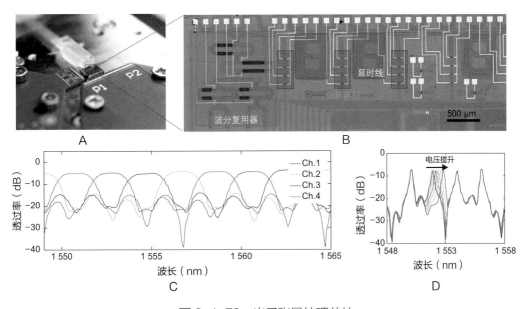

图3-1-73　光子张量处理芯片

A.芯片封装照片；B.芯片显微照片；C.波分复用器的通道响应；D.微环阵列的通道响应

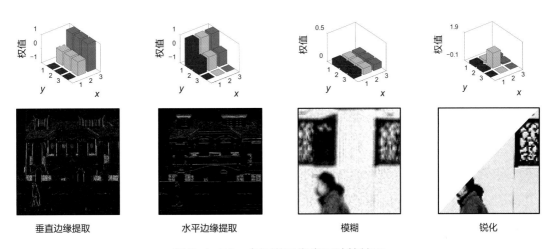

图3-1-74　多通道图像卷积计算结果

空间转录组整合分析算法研究

细胞在组织器官内所处的空间位置对其发挥特异性功能至关重要。近年来，研究者开发了多种空间转录组技术，这些技术可以在保留细胞精确空间定位的同时检测细胞内全转录组的表达，以此研究在发育或疾病发生发展过程中起关键性作用的细胞亚群及其分子机制。

现有的空间转录组技术存在以下两个不足：①基于测序的空间转录组技术无法实现真正意义上的单细胞分辨率；②基于成像空间转录组的技术能检测到的基因通量有限。为了突破技术的局限性，生物信息学家设计了多种算法来整合空间转录组与单细胞转录组数据，预测细胞类型的空间分布和（或）单个细胞的完整转录组信息。这些算法大大加深了人们对空间转录组学数据及相关生物学和病理过程的理解。然而，不同算法的工作原理和适用范围存在显著差异，使得研究者很难选择最佳算法用于预测细胞类型和基因表达的空间分布。

在国家自然科学基金（国家杰出青年科学基金项目 T2125012）等的资助下，中国科学技术大学瞿昆教授团队通过设计一整套分析流程，系统性评估了 16 种空间转录组和单细胞转录组数据整合算法在预测基因或细胞类型空间分布方面的性能。相关成果以"Benchmarking Spatial and Single-Cell Transcriptomics Integration Methods for Transcript Distribution Prediction and Cell Type Deconvolution"为题，于 2022 年 5 月 16 日发表在 *Nature Methods* 上。

该研究团队长期致力于开发生物大数据分析算法和软件。在该研究中，团队收集了 45 对同一组织来源的空间转录组与单细胞转录组数据集，以及 32 个模拟数据集，并设计了多种指标，从准确性、鲁棒性、计算资源耗时等多维度系统性评估了 16 种整合算法的性能。研究结果显示，Cell2location、SpatialDWLS 和 RCTD 算法能更加准确地预测细胞类型的空间分布；Tangram、gimVI 和 SpaGE 算法是预测基因表达空间分布的最佳算法。Tangram、Seurat 和 LIGER 算法计算效率相对较高，适合处理大规模数据集（图 3-1-75）。

该研究总结了每种算法的属性、性能、适用性以及高效算法的优势，为研究人员进一步提升算法性能提供了参考。此外，该研究在 Github 上提供了整合空间转录组和单细胞转录组数据的分析流程，为研究人员提供了数据处理的分析工具。

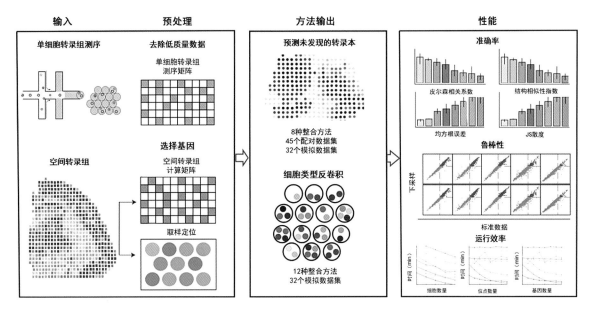

图 3-1-75　空间转录组和单细胞转录组数据整合算法性能比较分析流程

"全新世温度谜题"破解研究

　　过去 2 万年，全球气候经历了从"寒冷盛冰期"向"温暖全新世"的重大转变，是农业起源、人类文明起源发展的关键时期。然而，1 万年来，全新世气候是如何变化的，是否存在中全新世（约 8 000—4 000 年）大暖期，是近年来科学界高度关注的重要问题。回答这个问题，古气候学界通常存在地质记录重建和古气候模拟两种途径。然而，目前通过这两种途径得出的结论存在重大分歧，被称为"全新世温度谜题"。争论的焦点是，古气候模拟专家质疑地质记录重建的中全新世温度主要受到夏季温度的支配，不能反映真实的年均温度。因此，如何利用地质记录重建年均温度，寻找对季节性气候敏感的量化指标，评估不同季节温度对年均温度的贡献，是破解该谜题的关键点。

　　在国家自然科学基金（重大项目 T2192954、基础科学中心项目 41888101、重点项目 41830322）的资助下，中国科学院地质与地球物理研究所吕厚远研究员团队及其合作者采用地质记录中的软体动物化石，重建了我国黄土高原 2 万年来年均温度和四季温度的变化信息，提供了中全新世大暖期年均温度变化的新证据，相关成果以"The Holocene Temperature Conundrum Answered by Mollusk Records from East Asia"为题，于 2022 年 9 月 2 日发表在 *Nature Communications* 上。

该研究团队选用对季节性气候变化敏感的陆生软体动物蜗牛作为研究对象，系统采集了我国北方约 1 000 km 范围内的 400 余个表土蜗牛组合样品和 2 万年来的黄土蜗牛化石样品，建立了东亚最全的现代陆生蜗牛与气候参数数据库，构建了现代蜗牛组合分布与四个季节温度和年均温度的定量转换函数，重建了 2 万年来黄土高原年均温度和四季温度的变化信息（图 3-1-76）。

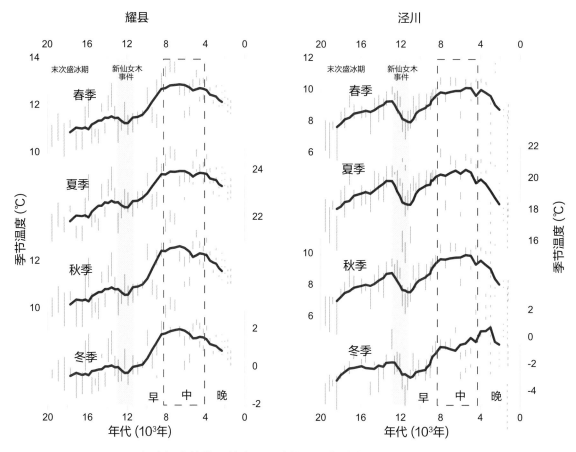

图 3-1-76　蜗牛组合转换函数定量重建的 2 万年来黄土高原季节温度变化过程

研究发现，基于四个季节温度计算的年均温度与独立重建的年均温度变化趋势一致，从 8 000 年前至 4 000 年前是气候温暖期，之后呈现出明显的降温趋势（图 3-1-76），且四个季节对年均温度变化都有贡献（正、负）。其中，夏季和冬季温度对年均温度变化的贡献显著大于春季和秋季（图 3-1-77），不存在夏季温度支配年均温度变化趋势的情况。

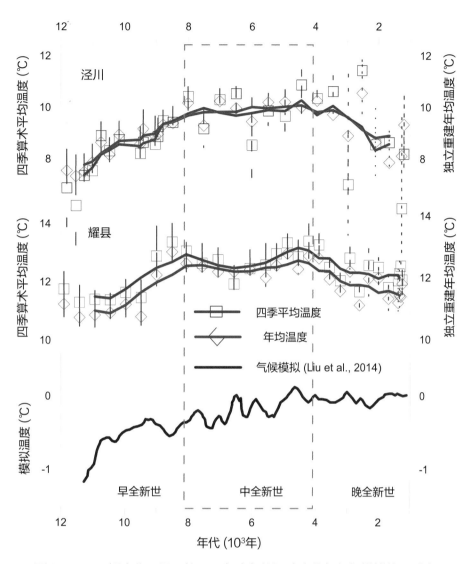

图 3-1-77　蜗牛化石记录的 2 万年来年均温度变化与气候模拟结果对比

　　综上，该研究发展了采用无脊椎动物群落量化季节性气候参数的方法，通过重建 2 万年来的季节温度变化信息，验证了东亚地区存在中全新世大暖期、全新世温度变化不受夏季温度支配的猜想，为破解"全新世温度谜题"提供了关键证据。

第四部分
PART 4

国际（地区）合作与交流

一、开展外国学者研究基金项目资助工作

2022 年，自然科学基金委继续开展面向外籍优秀学者的项目资助，共受理外国青年、优秀青年、资深学者项目申请 1 856 项，资助 259 项，直接费用 1.73 亿元。在此基础上，遴选重点领域面向高层次外籍团队试点资助优秀项目 13 项，直接费用 4 807.00 万元，试点工作及获资助外籍团队水平获得评审专家高度称赞。外国学者研究基金项目体系影响力稳步提升，在吸引、稳定优秀外籍人才方面发挥的作用逐步显现。自然科学基金委发挥科学基金独特优势，研究制定了《试点实施面向全球的科学研究基金工作方案》。

二、持续推进可持续发展国际合作科学计划

2022 年，自然科学基金委发起的可持续发展国际合作科学计划进入实质性实施阶段，为我国科学家"走出去"、推动共建"一带一路"高质量发展、实现联合国可持续发展目标、构建人类命运共同体提供支撑。经广泛联系和多轮沟通，自然科学基金委于 2022 年 4 月与 16 家外国科研资助机构和国际科学组织联合发布首轮合作中英文项目指南，收到项目申请 136 项。经专家组评审并与外方协商，共资助双边项目 19 项，直接费用 2 056.00 万元。

三、推进区域创新和国际（地区）交流与合作

截至 2022 年底，自然科学基金委已与 54 个国家（地区）的 101 个资助机构和国际组织建立了稳定合作关系。

对美洲大洋洲合作方面，与美国科学基金会（NSF）稳定开展合作研究项目联合资助，与比尔及梅琳达·盖茨基金会持续深化拓展合作；与巴西、智利资助机构共同组织科研交流活动，并推进实质性合作；与新西兰保持密切交流。

对欧洲合作方面，持续加强与欧洲重要国家（地区）资助机构及组织的高层对话，深化对欧高层战略研讨机制，与科学欧洲（Science Europe）连续举办 2 次高层次研讨和系列交流政策研讨会，并与英国国家科研与创新署（UKRI）举办跨学科研究高层战略研讨会；积极参加中瑞、中欧、中俄、中爱等政府间科技合作机制，与德国、芬兰、瑞典、爱尔兰等驻外使馆保持密切联系；与捷克科学院重新签署双边合作协议，拓展深化与土耳其、波兰合作力度。

对亚洲合作方面，积极巩固与日本、以色列、韩国的合作，强化中日韩区域合作。与以色列科学基金会（ISF）商定在精确科学和生命医学两大领域继续开展联合征集与资助；参加第 19 届亚洲研究理事会主席会议（A-HORCS），中日韩三国科研资助机构继续推进中日韩

前瞻计划实施；与韩国国家研究基金会（NRF）成功召开第 26 届中韩基础科学联委会。

对国际组织合作方面，发挥国际组织平台作用，推动自然科学基金委以更积极有为的姿态参与全球科技治理和多边联合资助，促进科学基金改革理念和举措转化为国际议程和最佳实践。李静海主任线上参加全球研究理事会（GRC）第十届年会，作题为"转变科研范式应对全球挑战"的报告；积极参加贝尔蒙特论坛（BF）秘书处工作，参加金砖国家科技和创新计划第 5 轮合作，与联合国环境规划署（UNEP）、国际山地综合发展中心（ICIMOD）、国际理论物理中心（ICTP）续签协议，继续丰富合作形式。

对港澳台合作方面，深刻领会中央对港澳台工作的重大部署，坚持贯彻"一国两制"，推进港澳科技力量加速融入国家发展大局。积极参加"内地与香港""内地与澳门"科技合作委员会会议。与香港研究资助局（RGC）、京港学术交流中心、澳门科技发展基金（FDCT）和台湾李国鼎基金会开展线上、线下交流，逐步优化资助布局，资助规模较 2021 年翻一番。鼓励和支持内地与香港科学家举办前沿学科学术研讨会。

中德科学中心工作方面，充分发挥中德科学中心独特的联合资助实体作用，不断深化在联合资助、管理实践和机构间战略对话多层次的交流。2022 年中德科学中心成功举办"中德科研诚信研讨会"。

双多边联合资助工作方面，2022 年，自然科学基金委与美、加、欧、日、俄等 20 余个外国资助机构和国际组织在可持续区域系统、生物多样性、传染病的生态学与演进、全球健康、农业、健康生命轨迹计划、气候变化、企业创新数字技术与数字平台及自然科学其他领域开展组织间合作研究与交流项目联合征集，组织召开双多边研讨会，资助经费 6.92 亿元。

四、典型成果

揭示控制灵长类衰老的节律开关

昼夜节律机制调节哺乳动物的睡眠 – 觉醒周期、新陈代谢、免疫和繁殖等生理活动与外界 24 小时昼夜循环相协同，从而维持机体活动的动态平衡。节律紊乱通常被认为是机体加速衰老的重要诱因。然而，目前学术界对核心节律机制如何调控灵长类的衰老知之甚少。

在国家自然科学基金 [国际（地区）合作交流项目 81861168034、创新研究群体项目 81921006、国家杰出青年科学基金项目 81625009、重大研究计划项目 91949209] 等的资助下，中国科学院动物研究所刘光慧研究员团队、中山大学项鹏教授团队、中国科学院动物研究所曲静研究员团队，与香港中文大学王华婷教授和孙昊教授团队合作，于 2022 年 3 月 15

日在 *Nucleic Acids Research* 上在线发表了题为 "BMAL1 Moonlighting as a Gatekeeper for LINE1 Repression and Cellular Senescence in Primates" 的研究论文。

BMAL1（basic helix-loop-helix ARNT-like 1）作为转录因子在节律调控方面发挥着核心作用，但其在灵长类细胞稳态及衰老中的作用目前尚不明确。该研究发现，在人和猴的细胞衰老过程中，BMAL1 逐渐从细胞核中排空，提示 BMAL1 可能与细胞衰老的基因表达调控相关。该研究团队结合成簇规律间隔短回文重复序列（clustered regularly interspaced short palindromic repeats，CRISPR）/CRISPR 相关蛋白 9（Cas9）介导的基因编辑技术和干细胞定向分化技术获得了 BMAL1 敲除的人间充质干细胞，其表现出加速衰老的表型。通过机制研究发现，BMAL1 对衰老的调控不依赖经典的转录功能，但其能与核纤层及异染色质蛋白结合，维持异染色质的结构稳定性，进而抑制 "跳跃基因" 长散在重复元件 -1（long spread nuclear element-1，LINE1）的活化。BMAL1 的缺乏导致 LINE1 等 "核酸垃圾" 在胞质内表达和聚集，进而诱导下游环磷酸鸟苷 - 腺苷酸合成酶（cyclic guanosine monophosphate- adenosine monophosphase synthase，cGAS）- 干扰素基因刺激因子（stimulator of interferon gene，STING）天然免疫通路的激活，加速干细胞衰老（图 4-1-1）。使用反转录酶抑制剂拉米夫

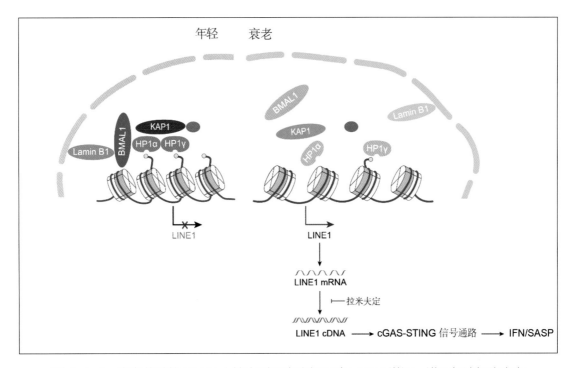

图 4-1-1　衰老伴随的 BMAL1 核内利用度降低导致 LINE1 激活，进而加速细胞衰老

○: H3K9me3；🌀: 组蛋白；●: 其他异染色质调节因子；Lamin: 核纤层蛋白；IFN: 干扰素（interferon）；SASP: 衰老相关分泌表型（senescence-associated secretory phenotype）。

定（Lamivudine）处理可有效抑制 BMAL1 缺失引起的细胞加速衰老。同时，该研究表明，BMAL1 缺失的猴间充质干细胞以及组织内也存在 LINE1 及 cGAS–STING 通路的激活，提示 BMAL1 调控衰老机制具有物种保守性。

该研究首次揭示了核心节律蛋白抑制 LINE1–cGAS–STING 通路，进而调控灵长类衰老的新功能及新机制。该研究成果拓展了关于核心节律蛋白生物学功能的认识，建立了节律和衰老调控的科学联系，为延缓灵长类衰老提供了新的分子靶标，并为防治衰老相关疾病开拓了新思路。

铜氧化物超导温度和磁性能量尺度间的关联

在国家自然科学基金 [组织间国际（地区）合作研究项目 12061131004、基础科学中心项目 11888101、面上项目 11974029] 的资助下，北京大学李源副教授和彭莹莹助理教授团队与德国马普固体研究所 Keimer 教授、德国卡尔斯鲁厄理工学院 Le Tacon 教授、英国钻石光源同步辐射设施周克瑾研究员通过对汞系高温超导铜氧化物的散射实验研究，发现了超导温度与磁性相互作用强度之间近似成正比的定量关联，研究成果以 "Paramagnons and High-temperature Superconductivity in a Model Family of Cuprates" 为题，于 2022 年 6 月 7 日在线发表于 *Nature Communications*。该成果在发表后引起了国际同行的关注，美国物理学会旗下的期刊 *Physics Today* 于 2022 年 11 月 18 日刊发了一篇关于最近高温超导机制研究的综合报道，其中专门提到了该项研究。

为了判断实验中超导的关键驱动因素，一条重要的思路是寻找与超导临界温度 T_c 直接相关的能量尺度。在铜氧化物高温超导材料中，电子间的磁性相互作用被认为可能是促成超导电性的关键因素。共振非弹性 X 射线散射和拉曼散射可以直接对材料中的磁性相互作用强度进行测量。为了判断磁性相互作用的强度与 T_c 之间是否有明确关联，该研究团队采用在 T_c 高达 100K 级别的汞系铜氧化物家族内进行实验对比的研究策略，以最大限度提高定量结果的清晰程度，减低晶体结构等其他方面变化带来的复杂影响。实验结果表明，在汞系铜氧化物家族的前两种化合物中，顺磁振子能量在全谱范围内增加了 20%～30%，这与两种材料所能达到的最高 T_c 之间的差异一致。通过汇总更多铜氧化物家族的有关数据，该研究进一步揭示了最高 T_c 与顺磁振子能量之间具有近似正比的关系（图 4-1-2），研究结果对揭示可能由磁性导致的超导配对机制具有重要的意义。

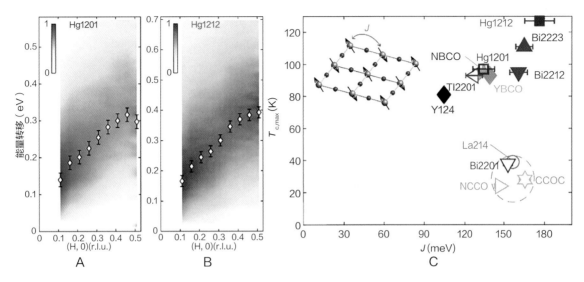

图 4-1-2　汞系及其他铜氧化物家族中的顺磁振子能量与超导温度

A、B. 汞系铜氧化物家族的前两种化合物 Hg1201 和 Hg1212 的顺磁振子能谱对比，两图的纵坐标轴能标有意取成相差 30%。C. 不同铜氧化物在最佳掺杂下的 T_c 与反铁磁相互作用强度关系图。其中右下角灰色虚线圈内是几种因为无序等使得 T_c 整体偏低的材料体系，它们不符合其余材料所展现出的近似正比的关系。其中化学式缩写包括主要的高温超导铜氧化物：钇钡铜氧（YBCO 及 Y124）、钕钡铜氧（NBCO）、铊钡铜氧（Tl2201）、镧锶铜氧（La214）、铋锶铜氧（Bi2201）、铋锶钙铜氧（Bi2212、Bi2223）、钕铈铜氧（NCCO）、钙铜氧氯（CCOC）

北京市社区生活垃圾分类回收的可回收物碳减排潜力评估

在国家自然科学基金 [组织间国际（地区）合作研究项目 72061137071] 的资助下，北京大学童昕副教授和韩凌副教授团队与荷兰鹿特丹伊拉斯姆斯大学 Willem Martin de Jong 教授领导的荷兰研究团队合作，采用个体建模方法，评估分析了北京市社区垃圾分类不同商业模式对可回收物循环利用碳减排潜力的影响。

荷兰是欧洲循环经济行动计划中的领先国家，在再生材料升级循环方面具有技术领先优势，并且特别关注城市循环经济转型中的社会包容性。北京大学研究团队立足地方参与式研究工作，深度参与循环经济转型的实际工作。双方合作采用计划行为理论（Theory of Planned Behavior，TPB），将社区包容性因素引入居民垃圾分类参与行为建模，建构了 TPB 扩展模型。该研究主要创新成果及应用价值如下：

（1）验证了社区感知变量对居民参与行为的影响，包括社区环境和社区社会规范建构的影响。后者的影响机制在城市化过程中不仅存在明显的代际差别，而且在外地人融入本地社会的过程中显著反映社会包容和移民身份认同的特征。

（2）建构了社区尺度的 ABM 模型（agent-based modeling），并针对垃圾分类领域出现的典型创新商业模式，开展了情景分析（图 4-1-3）。

情景 A：尚未推行强制垃圾分类政策的基准情景。

情景 B：设施导向，采用智能化设施对参与分类的家庭给予经济激励。

情景 C：服务导向，对创新上门回收模式的回收企业给予经济激励。

上述情景的分类参与率均值依次为 12.6%、18.4% 和 36.3%。在此基础上，该研究团队针对目前社区垃圾分类存在的瓶颈，构建了强化社区基层治理和社会规范的零废弃社区情景 D。

情景 D：反映基于社会共识和多样化回收商业模式的长期影响效果，分类参与率均值可达到 65.8%。

（3）应用产品生命周期碳排放系数估算四种情景下北京市居民垃圾源头分类每年可以减少的二氧化碳排放总量依次为 106.6 万吨、151.9 万吨、258.6 万吨和 454.1 万吨。

该研究团队由此提出以社区基层治理为重点的包容性循环经济建构方向：①改进社区内基础设施和服务，方便居民参与；②改善社区包容性，促进外来居民融入；③挖掘资源再生的碳减排价值，促进行业转型升级和模式创新。

该研究团队开创性地将社会包容性纳入循环经济转型议题，并量化了碳减排价值的潜力，相关研究成果以"Exploring Business Models for Carbon Emission Reduction via Post-Consumer Recycling Infrastructures in Beijing: An Agent-Based Modelling Approach"为题，于 2022 年 11 月 4 日在线发表于 *Resources Conservation and Recycling*。该研究有助于从创新商业模式入手，推动社会包容性的循环经济转型。

图 4-1-3　城市循环经济体系发展的四种情景

二维半导体欧姆接触接近量子极限

由于量子限制效应，硅基器件的微缩化已经接近极限。最新的国际器件与系统路线图（IRDS）预测，在 2nm 技术节点以下，以硫化钼（MoS_2）为代表的二维半导体将取代硅成为延续摩尔定律的新沟道材料。

金属与半导体之间的欧姆接触是实现高性能晶体管的关键。与硅相比，二维半导体存在天然的范德瓦耳斯间隙，金属与半导体之间的波函数杂化耦合较弱，因此实现超低接触电阻是长期以来二维半导体高性能晶体管器件发展的关键瓶颈之一。在自然科学基金委与香港研究资助局联合科研资助基金（NSFC-RGC）项目 61861166001、创新研究群体项目 T2221003 等的资助下，南京大学王欣然教授和施毅教授等与东南大学王金兰教授和倪振华教授、湖南大学段曦东教授以及美国斯坦福大学 Eric Pop 教授等合作，通过增强半金属与二维半导体之间的轨道杂化，将单层二维半导体 MoS_2 的接触电阻降低至 $42\Omega \cdot \mu m$，接近理论的量子极限，并超越了硅基晶体管接触电阻（图 4-1-4）。该成果以"Approaching the Quantum Limit in Two-Dimensional Semiconductor Contacts"为题在线发表在 *Nature*

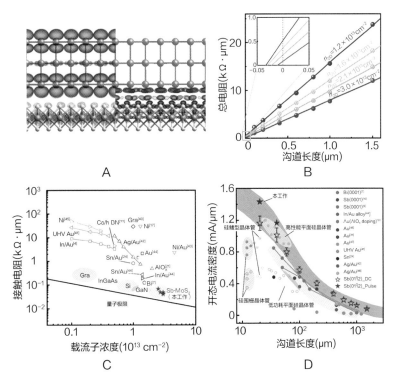

图 4-1-4 半金属 Sb(01$\bar{1}$2) 实现二维半导体欧姆接触

A. Sb(01$\bar{1}$2) 与 MoS_2 杂化轨道交叠电子分布；B. 单层 MoS_2 超低接触电阻；
C. 接触电阻主流技术性能对比；D. 最高电流密度器件性能展示

上；在此基础上，南京大学王欣然教授与香港中文大学许建斌教授在二维有机半导体器件接触优化开展全面合作，在有机半导体中实现了原子级平整的接触界面，接触电阻降低到 $14\,\Omega\cdot\mathrm{cm}$，综合性能达到同类器件最优水平，该成果发表在 *Nature Communications* 上。

正电子发射断层分子影像的精准诊断国际共识研究

在国家自然科学基金 [组织间国际（地区）合作研究项目 81761148029] 的资助下，复旦大学田梅教授团队与日本理研生物系统动力学研究中心、韩国首尔国立大学等国际合作伙伴在基于正电子发射断层显像（positron emission tomography, PET）分子影像的精准诊断方面取得了进展，研究成果 "International Consensus on the Use of tau PET Imaging Agent ^{18}F-Flortaucipir in Alzheimer's Disease" 为题，于 2022 年 1 月 3 日发表于 *European Journal of Nuclear Medicine and Molecular Imaging* 的指南（Guidelines）专栏。

目前，PET 是唯一临床常规使用的分子影像诊断技术，已被广泛应用于恶性肿瘤及神经系统、心血管系统等疾病的诊断、鉴别诊断和疗效评估中。^{18}F-flortaucipir 作为一种靶向识别脑内 tau 蛋白沉积的新型 PET 示踪剂，虽然已经在临床上用于阿尔茨海默病患者的早期诊断和鉴别诊断，但是不同临床机构的检查流程各不相同，从而影响了多中心数据之间的比较，限制了其在临床上更广泛的应用。

为帮助 PET 分子影像从业人员规范进行 ^{18}F-flortaucipir PET 的图像采集、数据分析、临床报告解读，该研究团队联合中日韩前瞻计划项目合作伙伴，并邀请包括中国、日本、韩国、美国、德国、瑞士、西班牙等国顶级医院及权威研究所的多位专家，就 tau PET 显像剂 ^{18}F-flortaucipir 在阿尔茨海默病中的临床应用方面达成了首个国际共识。该共识内容包括此分子影像的适应证、成像环节中的负责人资质和义务、成像程序的规范化、诊疗结果的报告流程、成像设备的规范化、设备质量控制、成像过程中的辐射问题，以及面向患者的科普等。主要流程见图 4-1-5。

该研究成果将用于指导 PET 分子影像检查的标准化、规范化应用，推动国际多中心临床研究，有利于阿尔茨海默病患者的早期发现和精准诊治。

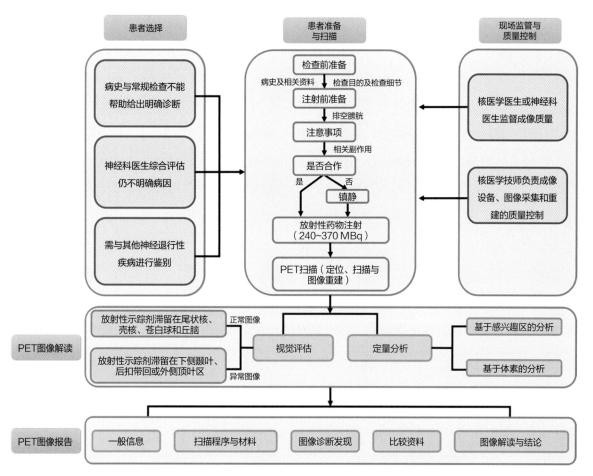

图 4-1-5　共识推荐的 ^{18}F-flortaucipir PET 扫描和报告流程

玉米抗旱性与产量平衡调控机制的研究

在国家自然科学基金 [组织间国际（地区）合作研究项目 32061143031，面上项目 91940301、92035302] 的资助下，华中农业大学代明球教授团队联合李峰教授、李林教授团队以及国际玉米小麦改良中心（Centro Internacional de Mejoramientode Maizy Trigo，CIMMYT）Sarah Hearne 博士，首次详细阐述了玉米产量和抗旱性平衡的遗传与分子调控机制，为玉米高抗高产精准分子设计育种奠定了理论基础并提供了优异基因资源。该研究成果以 "The Role of Transposon Inverted Repeats in Balancing Drought Tolerance and Yield-related Traits in Maize" 为题，于 2022 年 10 月 13 日发表于 *Nature Biotechnology*。

代明球团队及其合作者基于数百份玉米自然群体的小 RNA（small RNA，sRNA）表达组和基因转录组分析，克隆了位于 8 号染色体上一个调控 sRNA 表达和干旱特异性的超级热点 eQTL（expression quantitative trait locus，表达数量性状位点）*DRESH8*，其为一个转座子组成的反向重复序列（transposable element-inverted repeat，TE-IR）。基因编辑实验证明，*DRESH8* 是玉米群体内调控抗旱性和 sRNA 表达变异的因果变异位点。产量调查和进化分析显示，*DRESH8* 能够介导抗旱性和产量性状之间的选择平衡：在降雨充沛的环境下，农民可能选择种植有 *DRESH8* 的玉米以提高产量；而在干旱环境下，农民选择种植缺失 *DRESH8* 的玉米，这样可以去除 *DRESH8* 产生的 sRNA 对抗旱基因的抑制作用，从而提高玉米的抗旱性（图 4-1-6）。进一步研究显示，全基因组范围内的 TE 通过形成 IR 序列在玉米干旱响应中发挥着广泛的作用。此外，有数十个 eQTL 热点为 TE-IR 结构变异，其产生的 sRNA 所调控的潜在靶基因富集到与产量和抗逆性相关的基因集中，这表明 TE-IR 可能在调节玉米环境适应性与产量性状平衡上具有普遍作用。

该研究发现了大量与干旱适应性和产量性状相关的环境特异性遗传调控因子，首次揭示了 TE 通过形成 IR 结构参与基因转录后调控，进而平衡作物产量和环境适应性的关键遗传与分子调控机制。这种由 TE-IR 结构驱动的平衡机制，为作物高抗旱、高产精准设计育种奠定了理论基础，提供了优异遗传资源。

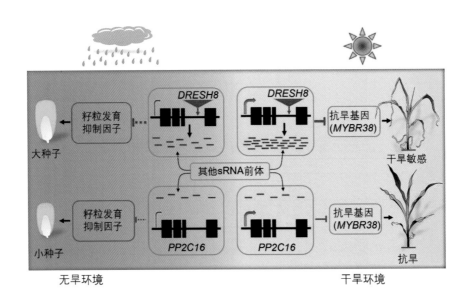

图 4-1-6　*DRESH8* 调控玉米产量和抗旱性平衡

水稻黑条矮缩病抗性基因鉴定和新资源发掘研究

在国家自然科学基金[组织间国际（地区）合作研究项目31761143012]的资助下，江苏省农业科学院周彤研究员团队、广东省农业科学院刘斌研究员团队和国际水稻研究所（International Rice Research Institute，IRRI）Hei Leung 教授等组成国际合作团队，在水稻黑条矮缩病抗性基因鉴定和新资源发掘研究领域取得了进展。相关成果以"An Aspartic Protease 47 Causes Quantitative Recessive Resistance to Rice Black-Streaked Dwarf Virus Disease and Southern Rice Black-Streaked Dwarf Virus Disease"为题，于 2022 年 1 月 12 日发表在 *New Phytologist* 上。

水稻是我国主要的粮食作物，水稻的稳产对我国粮食安全意义重大。水稻黑条矮缩病毒（rice black-streaked dwarf fijivirus，RBSDV）和南方水稻黑条矮缩病毒侵染水稻后导致严重矮缩滞育、结实率显著降低，一般减产 50% 以上，被称为水稻的"癌症"。南方水稻黑条矮缩病与稻瘟病一起被农业农村部列为一类农作物病虫害，是水稻仅有的两个一类农作物病害。目前，水稻中鲜有两种水稻黑条矮缩病稳定高抗抗源的报道，抗性基因从未被克隆鉴定，受此限制，抗性育种也一直未取得突破。

为了打破水稻黑条矮缩病抗源缺乏的瓶颈，该研究团队充分利用江苏省农业科学院成熟、完善的水稻病毒病抗性表型鉴定体系，广东省农业科学院深厚的水稻基因组研究基础和 IRRI 丰富多样的稻种资源，开展抗源筛选和抗病基因挖掘相关工作（图 4-1-7）。三方紧密合作，利用重病区自然鉴定和人工接种鉴定、病毒累积检测和排除昆虫抗性实验等多种鉴定和病毒

图 4-1-7　中国学者与 IRRI 联合开展水稻黑条矮缩病抗性资源发掘和基因鉴定工作

检测方法，从来自 56 个国家重病区的 500 多份多样性水稻种质中成功鉴定出目前对黑条矮缩病抗性最强的品种 W44（来自 IRRI）（图 4-1-8）；以该资源为基础，构建群体，整合全基因组关联分析、基因差异表达分析和转基因验证，确认了天冬氨酸蛋白酶基因 *OsAP47* 为主效数量性状位点（quantitative trait locus，QTL）*qRBSDV6-1* 的功能基因，这也是国际上第一个被克隆和功能验证的两种水稻黑条矮缩病抗性基因；进一步对测试的 500 多份种质和 3 000 份测序水稻的比较基因组分析表明，*OsAP47* 的抗病单倍型仅存在南亚和西非的少数籼稻地方品种中（图 4-1-8）。上述研究成果对全世界水稻品种的抗性改良具有重要意义。

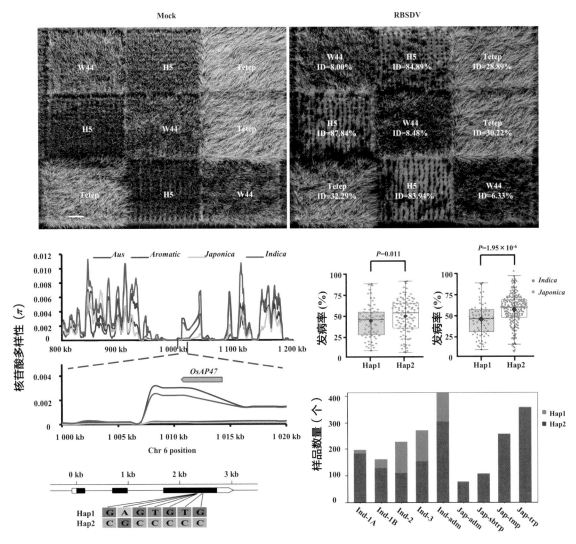

图 4-1-8　W44 对 RBSDV 田间抗性表现及自然群体中 *OsAP47* 的单倍型分析

新骨架手性联吡啶配体促进的不对称 Ullmann 偶联反应

在国家自然科学基金（外国青年学者研究基金项目 22150410339）的资助下，西安交通大学化学学院外籍助理教授 Saima Perveen 博士与前沿科学技术研究院李鹏飞教授团队开展密切合作，发展了一类具有全新骨架的手性联吡啶配体并以此为基础实现了镍催化的不对称 Ullmann 偶联反应（图 4-1-9），制备得到了一系列结构新颖的轴手性联芳基化合物，丰富的底物类型及活性天然产物的合成示例充分展示了该反应的应用价值及潜力。

手性配体是不对称催化反应中控制反应立体选择性的核心要素之一。近年来，以膦配体为代表的许多新型手性配体已被广泛应用于不对称催化反应中。然而，作为研究历史悠久、应用非常广泛的联吡啶类配体至今仍然缺乏高效且普适的手性版本。而限制手性联吡啶配体发展的主要难点有以下几个方面：①直接在吡啶环上引入手性结构较为困难；②现有手性吡啶骨架通常无法方便地改造和衍生；③在吡啶环氮原子邻位引入取代基时虽然可以有效提高反应的立体选择性，但常常伴随反应活性的大幅度降低。针对上述难点，该研究团队通过在分子层面的精心设计，开发了一类具有全新骨架的手性联吡啶配体 SBpy。该配体具有 [6-5-3] 刚性稠环结构，能够实现中心金属近程位阻最小化和远端侧链结构的高度可调性，克服了催化反应中立体选择性和催化活性之间难以两全的矛盾。

轴手性联芳基骨架近年来被广泛应用于手性配体与催化剂的设计与合成中，得到了相关研究领域的密切关注。此外，该类骨架普遍存在于活性天然产物分子和手性有机材料中，具有十分广阔的应用前景。Saima Perveen 博士利用该研究中开发的 (+)-DTB-SBpy 配体，高效、高选择性地合成了一系列光学纯的轴手性联苯二醛和联萘二醛化合物，并通过丰富的底物官能团转化，展示了联芳基二醛作为具有手性联芳基骨架的催化剂与配体的合成中间体的重要性。与此同时，利用该方法实现的活性天然产物 (+)-kotanin，(-)-isoschizandrin 和 (+)-gossypol 的形式全合成进一步展示了该反应的应用价值。

上述研究成果展示了新骨架手性联吡啶配体 SBpy 设计的合理性和有效性，也为手性分子的选择性合成提供了新工具，为相关手性催化剂的设计提供了新思路。相关成果于 2022 年 10 月 4 日发表在 *Angewandte Chemie International Edition* 上后，受到了国内外学术同行和媒体的广泛关注。

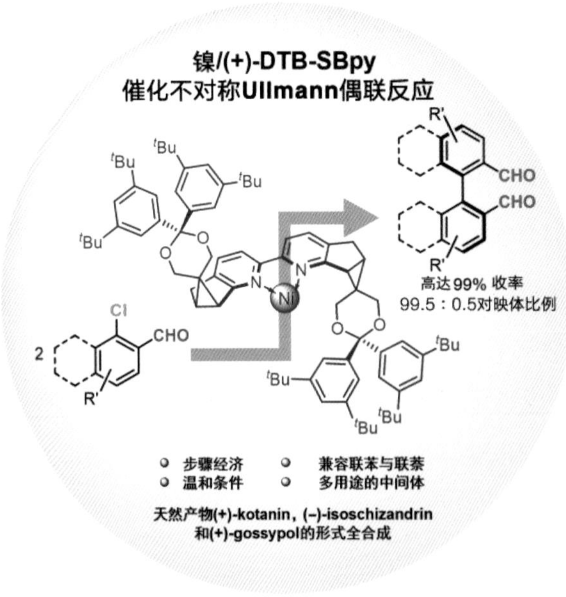

图 4-1-9　手性联吡啶配体与不对称 Ullmann 偶联反应

富锂正极材料 Li$_2$MnO$_3$ 中点缺陷与电化学性能关系的第一性原理研究

相对于传统正极材料，层状富锂氧化物正极具有更高的能量密度，但充放电循环过程中氧流失及结构转变造成的容量和电压下降限制其商业应用。缺陷调控是改善正极材料电化学性能的一种常用方法。

为了揭示晶格缺陷－性能关系，以及为富锂正极材料电化学性能的晶格调控提供可借鉴的策略，中德合作研究小组项目"电化学存储系统的集成计算材料工程"的研究人员选取层状富锂氧化物正极的母相 Li$_2$MnO$_3$ 为研究对象，采用第一性原理计算方法对其结构中常见的阳离子无序混排缺陷以及 Cr、Mo、W 掺杂缺陷进行了研究（图 4-1-10）。该研究揭示了阳离子无序混排造成的富锂区有利于锂扩散但不利于氧稳定性的双面作用；提出了适当降低锂含量并掺杂具有电化学活性的过渡金属这一策略来提高富锂正极结构的稳定性；此外，通过研究 d 电子排布与 Li$_2$MnO$_3$ 的电化学活性、脱锂电压、氧稳定性以及锂扩散性能之间的联系，证明了 4d 和 5d 过渡金属掺杂可以更好地稳定 Li$_2$MnO$_3$ 中的 O，提高其循环稳定性。该研究从原子尺度阐明了 Li$_2$MnO$_3$ 中常见的阳离子无序混排缺陷的性质，建立了缺陷与 Li$_2$MnO$_3$ 性能之间的联系，为富锂正极材料设计的"缺陷工程"提供了丰富的理论依据。同时，该研究揭示的 d 电子对 Li$_2$MnO$_3$ 电化学性能影响的规律性可为富锂正极材料的掺杂元素选择提供理论指导。相关研究成果已于 2022 年 5 月和 2022 年 9 月分别发表在 *Physical Review Materials*、*Nanoscale* 等期刊上。

该研究受国家自然科学基金中德合作研究小组项目（GZ 1528）的资助。该项目中方负责人是中南大学杜勇教授，德方负责人是卡尔斯鲁厄理工学院 H. Seifert 教授。项目采用相图热力学（CALPHAD）、第一性原理计算、相场模拟法等计算方法，并耦合电化学测试、结构表征、量热法等实验，围绕镓（Ga）基负极材料和 Li-Mn-Ni-O 正极材料体系的热力学、力学、晶格缺陷、离子输运、电化学性能以及电池的热物理等性能开展研究。受该项目资助，已派遣 1 名青年教师和 2 名博士研究生前往德国，与德方合作培养。

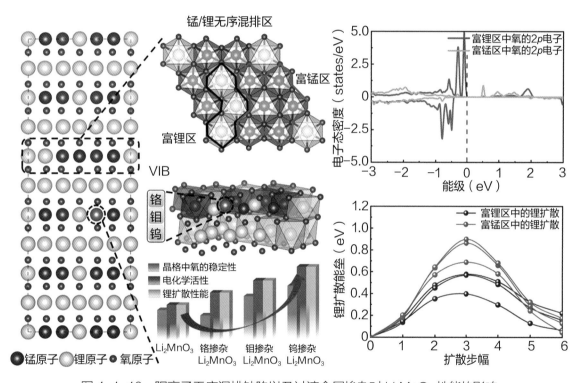

图 4-1-10　阳离子无序混排缺陷以及过渡金属掺杂对 Li_2MnO_3 性能的影响

第五部分
PART 5

科研诚信建设

自然科学基金委按照中共中央办公厅、国务院办公厅《关于进一步加强科研诚信建设的若干意见》《关于进一步弘扬科学家精神加强作风和学风建设的意见》《关于加强科技伦理治理的意见》的具体部署，加强学风和科研诚信与伦理建设，深入实施国家自然科学基金学风建设行动计划，不断完善"教育、激励、规范、监督、惩戒"五个方面相互支撑、有机融合、标本兼治的科学基金学风建设体系。

一、加强科研诚信与伦理教育和宣传

一是多措并举，加大学风和科研诚信建设的宣传力度。基本完成《国家自然科学基金科研诚信规范指南》和《科研规范和科研诚信教育概论》的定稿出版工作。积极参与全国科学道德和学风建设宣讲教育领导小组、科研诚信建设联席会议等关于科研诚信建设的联席会议活动。与有关部门共同举办"2022年全国科学道德和学风建设宣传月"活动，弘扬科学家精神，协力推动科研诚信、规范和优良作风学风的传播。二是持续推进警示教育。2022年完成了5个典型案例警示教育动画片的编辑制作和上线发行，科技界反应积极；分4批次共公开了对86位科研诚信案件责任人的处理情况，社会反应良好。三是强化依托单位的主体作用。通过依托单位培训会议、科研诚信培训会议和科学基金项目指南等多种形式宣讲自然科学基金委在科研诚信、科研伦理及作风学风建设方面的新举措，进一步强化依托单位在科学基金科研诚信建设中的主体责任和关键作用，提升科学基金"四方主体"（申请人／参与人、评审专家、依托单位、自然科学基金委工作人员）自觉维护优良学风的意识，形成科研诚信建设合力，共同营造风清气正的科研环境。四是开展国际合作。与德国研究联合会（Deutsche Forschungsgemeinschaft, DFG）成功举办中德科研诚信研讨会，围绕科研诚信的内涵和科研诚信文化建设，就中德两国基金资助机构关于科研诚信建设的核心价值观、战略思考以及基金资助机构科研诚信相关规范办法的制定和科研不端行为的查处等进行了深入交流和讨论。

二、推进科学基金科研诚信制度化建设

一是认真贯彻落实《中华人民共和国科学技术进步法》，完成修订《国家自然科学基金委员会监督委员会章程》和《国家自然科学基金项目科研不端行为调查处理办法》。进一步充实了科研不端行为类型，完善了处理措施，改进了被处理主体的适用范围，完善了调查处理程序，就学风建设突出强调了坚决杜绝评审期间"请托、打招呼"等行为，坚决杜绝记入科研诚信严重失信行为数据库的责任主体承担或参与科学基金项目。二是积极推进科研诚信和学风制度建设的跨部门协作。与科技部等二十二部门联合修订印发了《科研失信行为调查处理规

则》，对科研失信行为类型进行了补充和细化，对调查处理的职责分工进行了细化，对调查处理程序进行了完善，并新增了对第三方中介服务机构和科技领域联合惩戒的相关规定。三是稳妥推进科研领域联合惩戒的制度建设。制定了《关于进一步落实科研领域联合惩戒 实施科学基金项目诚信审核的工作方案》和《关于对记入科研诚信严重失信行为数据库的国家自然科学基金项目评审人实施联合惩戒的工作方案》，使对记入科研诚信严重失信行为数据库的项目申请人 / 参与人、相关单位、评审专家实施联合惩戒有章可循，有规可依。

三、完善科研诚信监督关键环节管理机制

一是严格开展申请书高相似度检查。2022 年完成了对相似性检查系统的升级。基于检查结果，对 112 个申请书高相似度案件开展了调查，严肃处理 96 位责任人，其中通报批评 35 人。二是强化评审纪律。组织召开 2022 年科学基金项目评审工作动员部署会，全面落实"科学性是根本、公正性是生命"的工作理念，以高度的政治自觉和务实的工作作风，切实做好项目评审工作，营造风清气正的评审氛围。三是加强驻会监督。完善驻会监督方案，抓实会议评审纪律规范，随答辩通知一并发送《国家自然科学基金项目会议评审项目答辩人提醒函》和《国家自然科学基金项目会议评审专家履职尽责提示函》，提醒答辩人和评审专家切实履行《承诺书》承诺。共完成对 9 个科学部的国家杰出青年科学基金项目、优秀青年科学基金项目、重点项目、面上项目、青年科学基金项目和地区科学基金项目的 34 次评审会合计 316 个评审组的驻会监督工作，并对会议评审专家开展公正性调查。四是开展专题调研。深入了解与分析评审公正性有关问题现状和成因。通过问卷调查，面向评审专家、基金项目申请人、依托单位管理人员和自然科学基金委工作人员等就有关利益冲突和基金项目评审期间"请托、打招呼"等情况进行了调研。共回收 1 670 份有效问卷，并对问卷反馈的结果进行深入分析，系统梳理"四方主体"的观点和态度，为进一步采取举措提供了依据和建议。

四、开展项目资金监督检查

根据《2022 年度国家自然科学基金资助项目资金监督检查实施方案》，在贵阳召开了对贵州省 15 家依托单位部分科学基金资助项目的资金监督检查工作，完成现场检查。分别到贵州大学、贵州医科大学、贵州省农业科学院等依托单位开展实地调研，就强化法人主体责任、落实中央财政科研项目资金政策改革、执行自然科学基金委项目管理办法和资金管理办法过程中遇到的困难问题等方面听取意见建议，推进"放管服"改革措施落实落地。同时，督促江苏、新疆、青海三省（自治区）84 家依托单位落实整改 2021 年项目资金监督检查中发现的问

题，进一步完善财务核算，规范项目资金管理，责令相关依托单位完成退回超范围支出、间接费用挤占直接费用等不规范列支资金。

五、加大案件调查处理力度，有效实施科研领域联合惩戒

一是高质量做好科研诚信举报案件调查处理。2022 年共收到科研诚信有关举报案件 536 件。全年累计完成 533 件案件的查处，召开五届十三次至十六次监督委员会全体委员会议对 244 件需要开展集体研判的重要案件提出处理建议；经委务会议审定，对 397 位责任人和 6 家依托单位作出处理，其中通报批评 82 人，撤销获资助国家自然科学基金项目 74 项，撤销国家自然科学基金项目申请 112 项。二是扎实推进科研领域联合惩戒。根据《关于进一步落实科研领域联合惩戒 实施科学基金项目诚信审核的工作方案》和《关于对记入科研诚信严重失信行为数据库的国家自然科学基金项目评审人实施联合惩戒的工作方案》，在科学基金项目审批前对拟批准项目的申请人、参与者、依托单位和合作研究单位开展联合惩戒诚信审核，确保记入科研诚信严重失信行为数据库的责任主体在处罚期内不承担、不参与科学基金项目。同时对记入科研诚信严重失信行为数据库的科学基金项目评审人实施联合惩戒。2022 年完成对评审专家库近 27 万名专家信息的首次联合惩戒诚信审核，对存在违法犯罪、抄袭剽窃、伪造篡改等不同类型失信行为记录的 160 人，在科学基金网络信息系统中进行分类标注，限制参与科学基金评审。三是依规查处项目资金有关的违规行为。2022 年共收到关于科学基金项目资金违规管理、使用的投诉举报案件 47 件，按程序办结 16 件。

第六部分
PART 6

组织保障

一、组织机构与队伍建设

（一）组织机构图

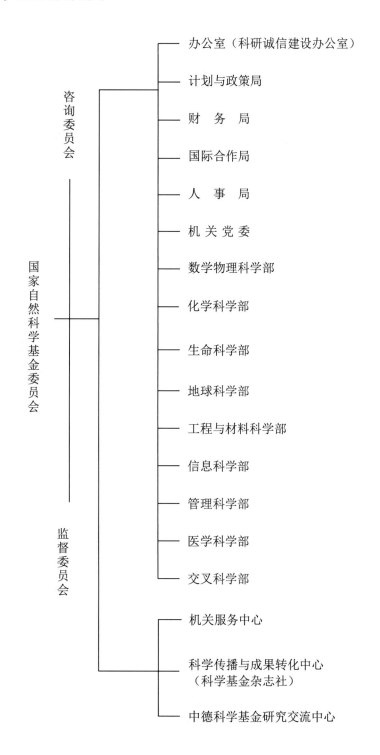

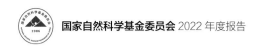

（二）第八届国家自然科学基金委员会委员名单

主　任：李静海

副主任：谢心澄　侯增谦　高瑞平　陆建华

秘书长：韩　宇

委　员（按姓氏笔画排序）：

马宏兵　王红阳　王恩哥　吕昭平　朱日祥　刘昌胜　孙昌璞　严纯华　沈竹林
张　希　张广军　陈左宁　陈晓红　赵晓哲　钟登华　康　乐　潘爱华

（三）国家自然科学基金委员会第五届监督委员会委员名单

主　任：陈宜瑜

副主任：朱作言　何鸣鸿

委　员（按姓氏笔画排序）：

王以政　王红艳　王坚成　王跃飞　朱邦芬　朱蔚彤　刘　明　刘芝华　闫寿科
严景华　苏先樾　李召虎　李真真　邵　峰　周兴社　郑永飞　姚祝军　高　翔
黄海军　崔　翔　焦念志

（四）人员基本情况

1. 机关在编人员情况

自然科学基金委机关编制 309 人，截至 2022 年 12 月 31 日，在编职工 234 人，其中，男性 131 人，女性 103 人；专业技术人员（含任职资格）225 人。在编人员的平均年龄为 44.2 岁。相关情况如图 6-1-1—图 6-1-4 所示。

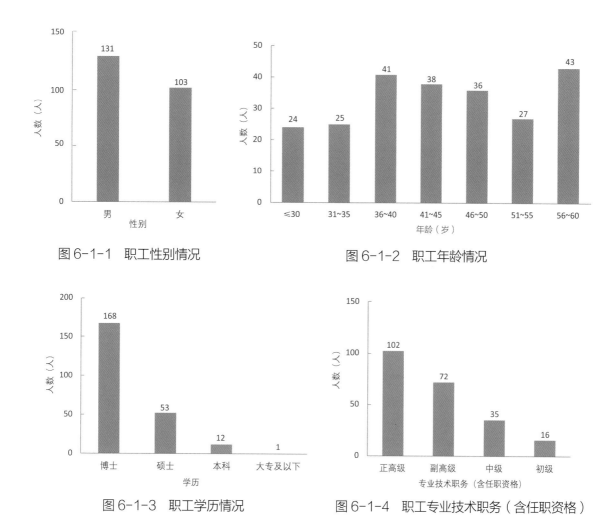

图 6-1-1　职工性别情况

图 6-1-2　职工年龄情况

图 6-1-3　职工学历情况

图 6-1-4　职工专业技术职务（含任职资格）

2. 流动编制工作人员情况

截至 2022 年 12 月 31 日，自然科学基金委在岗流动编制工作人员 146 人，其中，博士 138 人；男性 112 人，女性 34 人；正高级专业技术人员 71 人，副高级专业技术人员 67 人。

（五）内设机构和直属单位领导名单

内设机构领导名单（截至 2022 年 12 月 31 日）

单位	领导名单
办公室 （科研诚信建设办公室）	王翠霞（女）、郭建泉、敬亚兴、张凤珠（女）、李　东（女，信息中心主任）
计划与政策局	王　岩（女）、杨列勋、姚玉鹏、范英杰（女）
财务局	张香平（女）、王　琨（女）

续　表

单位	领导名单
国际合作局	邹立尧、张永涛、殷文璇（女）
人事局	吕淑梅（女）、王文泽、刘　宁（离退休工作办公室主任）
机关党委	朱蔚彤（女）、杨　峰、黄宝晟
数学物理科学部	江　松（兼）、董国轩、孟庆国
化学科学部	杨学明（兼）、杨俊林、詹世革（女）
生命科学部	李　蓬（女，兼）、徐岩英（女）、吕群燕（女）
地球科学部	郭正堂（兼）、于　晟、张朝林
工程与材料科学部	曲久辉（兼）、王岐东、苗鸿雁
信息科学部	郝　跃（兼）、刘　克、何　杰
管理科学部	丁烈云（兼）、刘作仪
医学科学部	张学敏（兼）、孙瑞娟（女）、谷瑞升、闫章才
交叉科学部	汤　超（兼）、陈拥军、潘　庆

直属单位领导名单（截至 2022 年 12 月 31 日）

单位	领导名单
机关服务中心	封文安、史兴河
科学传播与成果转化中心（科学基金杂志社）	彭　杰（女）、唐隆华、张志旻
中德科学基金研究交流中心	殷文璇（女，兼）

二、党的建设

2022 年，自然科学基金委坚持以习近平新时代中国特色社会主义思想为指导，全面学习、把握、落实党的二十大精神，持续强化党的创新理论武装，推进党史学习教育常态化、长效化，着力增强党组织的政治功能和组织功能，主动接受中央纪委国家监委驻科学技术部纪检监察组的监督指导，坚定不移全面从严治党，以严的基调强化正风肃纪，引导党员干部深刻领悟"两个确立"的决定性意义，不断增强"四个意识"、坚定"四个自信"、做到"两个维护"，为科学基金事业高质量发展提供坚强政治保障。

（一）坚持以迎接党的二十大和学习宣传贯彻党的二十大精神为主线，深刻领悟"两个确立"的决定性意义

扎实开展迎接党的二十大各项工作。以高度的政治责任感认真完成党的二十大代表推选有关工作，围绕"我为二十大作贡献"，党组书记及各基层党组织主要负责同志讲授专题党课，各基层党组织开展主题党日活动，营造良好氛围。

把学习宣传贯彻党的二十大精神作为首要政治任务。通过及时召开党组（扩大）会、党组理论学习中心组专题学习会、党组书记讲授专题党课等，以上率下、深学细研，各基层党组织认真组织学习讨论，扎实推动学思践悟，引导全委党员干部进一步深刻领悟"两个确立"的决定性意义。

持续强化党的创新理论武装。制发方案推动党史学习教育常态化、长效化，发挥党组理论学习中心组领学促学作用，深化"五层联动"学习机制，确保第一时间传达学习习近平总书记重要讲话精神，深入学习《习近平谈治国理政（第四卷）》等，引导党员干部强化职责使命，不断增强践行"两个维护"的自觉性和坚定性，推动党的二十大精神、习近平总书记关于科技创新和基础研究的重要论述及党中央决策部署在科学基金落地生根。

（二）坚持以党的政治建设为统领，多措并举，增强基层党组织在落实中心任务中的政治功能和组织功能

持续强化党的政治建设，不断推动机关党建高质量发展。认真配合中央和国家机关工委开展机关党建专项督查，召开基层党组织建设质量提升推进会、基层党组织学习贯彻党的二十大精神暨党建工作交流会，开展基层党组织建设质量提升三年行动计划总结评估和清查整治突出问题规范党务工作，加强分类指导，深化党支部标准化、规范化建设，命名"四强"

党支部 3 个，其中 3 个获科技部命名，2 个获工委命名，推动基层党组织建设质量不断提升。抓好党员教育，开展 2022 年党员教育培训，持续提升党员干部政治理论水平和党性修养。严格落实意识形态工作责任制，深入调研，加强研判，不断增强意识形态和思想政治工作的实效性。

围绕中心抓党建，抓好党建促业务。坚持把讲政治的要求落实到党建工作全过程和科学基金事业发展各方面，深入开展"学查改"专项工作，切实增强党员干部从政治高度和全局角度看待经济社会发展问题的思想自觉、政治自觉、行动自觉。狠抓基层基础，不断提高党员干部的政治判断力、政治领悟力、政治执行力，充分发挥基层党组织和党员作用，立足科学基金职能定位，切实增强破解"两张皮"问题的意识与能力，更好服务"国之大者"。在定点帮扶工作中，坚持党建引领，加强组织振兴。在疫情防控工作中，加强思想政治引领，关心关爱职工。

深入做好统战、工会、妇委会和团委工作。组织开展知识女性微管理论坛、参与消费扶贫助农等活动，认真做好困难职工慰问帮扶。完成机关团委换届工作，组织庆祝建团 100 周年系列活动。开展年轻干部扣好廉洁从政"第一粒扣子"等活动。进一步推进青年导师制，引导党员干部健康成长。

（三）坚持以自我革命精神纵深推进全面从严治党，为深化科学基金改革提供坚强保障

全面贯彻党中央关于全面从严治党战略部署。通过召开全面从严治党工作会、警示教育大会、全面从严治党专题会商会等深入推进全面从严治党各项工作，层层压实管党治党政治责任。开展中央巡视整改任务第七轮督办、中央巡视整改专项检查评估等工作，做好中央纪委国家监委驻科学技术部纪检监察组监督建议函的整改落实，将整改落实的政治责任转化为深化科学基金改革的持久动力。

突出政治监督，强化日常监督，做实专项监督。围绕落实科技创新和基础研究重大战略部署，充分发挥监督保障执行、促进完善发展作用。以科学基金管理与改革监督调研为抓手，进一步梳理解决落实改革部署中的堵点、痛点、难点。围绕中心工作强化监督，完善任前廉政谈话机制与"一把手"和领导班子监督体系。紧盯重点领域强化专项监督，聚焦做好科学基金项目评审工作，制定系统性改革和项目评审专项监督实施方案，加强对科学基金项目管理权力的监督制约。完善监督方式，健全监督体系，推动完善嵌入式监督机制，发挥面对面监督优势。

　　坚持"三不腐"一体推进，纠"四风"树新风并举。制定《关于机关纪委委员、基层党组织纪检委员规范履行职责切实发挥作用的实施意见（试行）》等六项制度，不断加强廉政风险防控体系建设。紧盯重点领域关键环节，坚决查处利用公权力谋取私利等违纪现象。开展党风廉政宣传教育月活动，涵养风清气正的政治生态。紧盯重要节点，抓好中央八项规定精神贯彻落实，巩固深化作风建设专项整治成果，坚决纠治形式主义、官僚主义等问题。

　　贯彻落实《关于加强中央和国家机关部门机关纪委建设的意见》（中办发〔2021〕36号）精神，不断加强机关纪委建设。深入开展"学、抓、改、强"活动，进一步充实人员力量，不断优化队伍结构。建立"清风筑基"学习微平台，构建"集体学习—全员自学—交流研讨"常态化三级学习模式，着力建设全员学习型纪检干部队伍，提升监督执纪履职能力。

附　录

一、2022 年度科学基金工作重要活动

1 月

1 月 5 日，自然科学基金委资助项目资金管理办法培训会在京召开。党组成员、副主任高瑞平出席会议并讲话。来自全国 122 家依托单位的财务管理人员通过视频方式参加会议。

1 月 10 日，自然科学基金委与科学欧洲（Science Europe）第二届高层战略与政策论坛以视频会议方式成功举办。自然科学基金委主任李静海和科学欧洲理事会主席、卢森堡国家研究基金会秘书长马克·施尔茨（Marc Schiltz）出席论坛并作主旨报告。

1 月 11 日，自然科学基金委召开党史学习教育总结大会，党组书记、主任李静海出席会议并作党史学习教育总结报告。党史学习教育中央第二十五指导组组长段余应同志到会指导并讲话。党史学习教育领导小组成员高福、侯增谦、高瑞平、陆建华、韩宇出席会议，党史学习教育领导小组副组长王承文主持会议。

1 月 19 日，第三届国家自然科学基金优秀成果北京对接会在京召开。自然科学基金委党组成员、副主任高瑞平出席开幕式并致辞。北京市科学技术委员会和丰台区人民政府有关领导出席会议。

1 月 7 日和 27 日，自然科学基金委在京先后召开国家自然科学基金基础科学中心项目考核评估及延续资助评审会议，对 2016 年第一批试点实施的基础科学中心项目进行考核评估和延续资助评审。党组成员、副主任高瑞平出席会议并致辞。

2 月

2 月 15 日，自然科学基金委党组印发《国家自然科学基金委员会关于进一步完善科学基金资助体系的工作方案》。

3 月

3 月 7 日，自然科学基金委机关妇委会举办 2022年 " 三八 " 国际妇女节庆祝活动暨第二届知识女性微管理论坛。中华全国妇女联合会执委，自然科学基金委党组成员、副主任高瑞平，党组成员、副主任、机关党委书记王承文出席活动。

3 月 14 日，自然科学基金委召开十三届全国人大五次会议和全国政协十三届五次会议精神传达会。党组书记、主任李静海主持会议并传达十三届全国人大五次会议精神，第十三届全国政协委员杨卫、高福传达全国政协十三届五次会议精神。

3月24日，自然科学基金委第八届委员会第五次全体会议在京召开。科技部部长王志刚出席会议并讲话。会议审议通过了李静海主任所作的《持续推进系统性改革 应对挑战中开拓未来》工作报告、监督委员会陈宜瑜主任所作的《进一步加强科研诚信和学风建设 为科学基金深化改革提供有力支撑》报告，以及《2021年科学基金预算与资助计划执行情况及2022年预算与资助计划的报告》。

3月24日，自然科学基金委监督委员会五届十三次全体委员会议在京举行。监督委员会主任陈宜瑜和副主任何鸣鸿分别主持生命医学专业委员会会议和综合专业委员会会议。自然科学基金委党组成员、副主任王承文，审计署科学技术审计局二级巡视员李晓南，以及中央纪委国家监委驻科学技术部纪检监察组第三纪检监察室刘耀出席会议。

3月25日，自然科学基金委召开2022年全面从严治党工作会议。党组书记、主任李静海出席会议并讲话，党组成员、副主任、机关党委书记王承文主持会议。自然科学基金委在委领导班子成员、中央纪委国家监委驻科学技术部纪检监察组负责同志出席会议。

4 月

4 月 12 日,自然科学基金委召开 2022 年科学基金项目评审工作动员部署会。党组书记、主任李静海,党组成员、副主任高瑞平、王承文出席会议并讲话,党组成员、副主任高福主持会议,副主任谢心澄,党组成员、副主任陆建华,党组成员、秘书长韩宇出席会议。

4 月 15 日,在第七个全民国家安全教育日到来之际,自然科学基金委邀请国防大学徐焰教授开展保密安全与党史学习教育专题讲座。党组书记、主任李静海,党组成员、副主任高瑞平、王承文出席活动,党组成员、秘书长韩宇主持活动。

4 月 28 日,自然科学基金委召开新修订《审计法》宣讲会,邀请审计署科学技术审计局二级巡视员李晓南授课。党组书记、主任李静海出席会议并作总结讲话,党组成员、副主任高瑞平主持会议,党组成员、副主任王承文出席会议。

4 月 29 日,自然科学基金委召开机关党委主要领导同志与新一届机关团委委员集体谈话暨青年工作座谈会。党组成员、副主任、机关党委书记王承文出席会议并讲话。

5 月

5 月 7 日， 自然科学基金委组织开展保密宣传教育进机关（单位）活动，党组成员、秘书长韩宇主讲保密专题教育课，副秘书长韩智勇主持，全委局级以上领导干部和涉密人员参加活动。

5 月 12 日， 自然科学基金委与英国国家科研与创新署（UKRI）跨学科研究高层战略研讨会以视频会议方式成功举办。自然科学基金委主任李静海和 UKRI 首席执行官奥特琳·莱瑟（Ottoline Leyser）出席会议并致辞。

5 月 13 日， 副主任谢心澄出席自然科学基金委化学科学部第八届专家咨询委员会第五次会议。

5 月 16 日， 党组成员、副主任侯增谦出席自然科学基金委地球科学部第八届专家咨询委员会第五次会议并致开幕词。

5 月 18 日， 党组成员、副主任侯增谦出席自然科学基金委管理科学部第八届专家咨询委员会 2022 年度第一次会议并致开幕词。

5月19日，党组成员、副主任高福出席自然科学基金委生命科学部第八届专家咨询委员会第五次（扩大）会议并讲话。

5月27日，党组成员、副主任高福出席自然科学基金委医学科学部第五届专家咨询委员会第五次会议。

5月31日—6月3日，应巴拿马国家科技创新委员会（SENACYT）和美国国家科学基金会（NSF）的联合邀请，自然科学基金委主任李静海在线参加全球研究理事会（GRC）第十届年会。

6月

6月6日，自然科学基金委党组书记、主任李静海出席"实施创新驱动发展战略建设科技强国"新闻发布会，介绍近十年科学基金有关情况，并答记者问。

6月16日，自然科学基金委监督委员会五届十四次全体委员会议在京召开，监督委员会主任陈宜瑜和副主任何鸣鸿分别主持生命医学专业委员会会议和综合专业委员会会议，党组成员、副主任王承文出席会议。

6月21日， 副主任谢心澄出席自然科学基金委数学物理科学部第八届专家咨询委员会第五次（扩大）会议并讲话。

6月22日， 国务院总理李克强主持召开国务院常务会议，决定完善自然科学基金资助体系的措施。会议指出，国家自然科学基金为促进科研、培育人才发挥了重要作用。要深化改革，加大基础研究、应用基础研究、交叉科学等投入，强化青年人才支持，发挥基金引导作用、用好加计扣除政策吸引企业协同研究。深化国际科研合作。

6月23日， 党组成员、副主任陆建华出席自然科学基金委交叉科学部第一届专家咨询委员会第四次会议。

6月28日， 党组成员、副主任、机关党委书记王承文以"促进党建业务深度融合，为科学基金深化改革提供坚强政治保障"为题，为机关党委、机关纪委委员和分管联系部门及部分党支部代表讲专题党课。

7月

7月1日， 自然科学基金委党组书记、主任李静海以"持续深化改革，主动开创未来，以实际行动迎接党的二十大胜利召开"为题，为全委党员、干部讲授专题党课。党组成员、副主任高瑞平，党组成员、秘书长韩宇出席活动，党组成员、副主任、机关党委书记王承文主持活动。

7月21日， 自然科学基金委党组成员、秘书长韩宇出席自然科学基金委科学传播与成果转化中心与重庆高新区管委会战略合作协议签约仪式并致辞。

7月28日， 国家科技评估中心在京组织召开自然科学基金委科学部资助管理绩效评估专家组第一次全体会议暨评估试点工作推进会。自然科学基金委党组书记、主任李静海出席会议并讲话，党组成员、副主任王承文，党组成员、秘书长韩宇出席会议。评估专家组成员、评估协调组成员参加会议。

8月

8月4日， 科学基金资助项目资金监督检查进场会（贵州）在贵阳召开。党组成员、副主任王承文出席会议并讲话。

8月21—22日， 自然科学基金委党组书记、主任、定点帮扶工作领导小组组长李静海带队赴内蒙古自治区通辽市奈曼旗开展乡村振兴定点帮扶调研督导。自然科学基金委党组成员、秘书长韩宇，副秘书长韩智勇陪同调研。

8月23日，自然科学基金委党组成员、秘书长韩宇向中国科学院奈曼沙漠化研究站授予 2021—2025 年首批"全国科普教育基地"证书和铭牌。

8月27日，自然科学基金委咨询委员会（简称咨委会）在广西钦州召开专题会议，会议由咨委会主任杨卫主持，党组成员、秘书长韩宇出席会议。

8月31日，党组成员、副主任高瑞平出席自然科学基金委 2022 年党务干部党建业务能力培训班开班式并作动员讲话。

9月

9月1日，第十九届亚洲研究理事会主席会议（A-HORCs）线上会议成功召开。自然科学基金委副主任谢心澄、韩国国家研究基金会（NRF）理事长李光馥（LEE Kwang Bok）、日本学术振兴会（JSPS）理事长杉野刚（SUGINO Tsuyoshi）分别率代表团出席会议。

9 月 1 日,自然科学基金委科学传播与成果转化中心、科睿唯安信息服务(北京)有限公司召开研讨会,共同研究英文刊进入 Web of Science 数据库后的发展思路。自然科学基金委党组成员、秘书长韩宇出席会议并讲话。

9 月 5 日,自然科学基金委召开 2022 年警示教育大会,党组书记、主任李静海,中央纪委国家监委驻科学技术部纪检监察组副组长兰池军出席会议并讲话,党组成员、副主任高福、高瑞平,党组成员、秘书长韩宇出席会议,党组成员、副主任、机关党委书记王承文主持会议。

9 月 14—18 日,2022 年区域创新发展联合基金项目评审会在京召开。自然科学基金委党组成员、副主任、联合基金管理委员会副主任高瑞平出席会议并讲话。

9 月 15 日,自然科学基金委监督委员会五届十五次全体委员会议在京召开,监督委员会主任陈宜瑜和副主任何鸣鸿分别主持生命医学专业委员会会议和综合专业委员会会议。自然科学基金委党组成员、副主任王承文,中央纪委国家监委驻科学技术部纪检监察组副组长兰池军,审计署科学技术审计局二级巡视员李晓南等出席会议。

9月16日，自然科学基金委举办学习《习近平经济思想学习纲要》《习近平谈治国理政（第四卷）》专题辅导报告会。党组书记、主任李静海出席活动并讲话，党组及领导班子成员高福、谢心澄、侯增谦、高瑞平、王承文、陆建华等出席活动。

9月26—27日，中德科研诚信研讨会成功召开。自然科学基金委主任李静海与德国研究联合会（DFG）主席卡佳·贝克（Katja Becker）代表两国基金会分别致开幕词并作主旨报告。自然科学基金委副主任王承文与DFG副主席艾可索·布拉克哈格（Axel Brakhage）联合主持会议并作报告。DFG秘书长海德·阿伦斯（Heide Ahrens）和自然科学基金委监督委员会副主任何鸣鸿出席会议并作报告。

9月28日，自然科学基金委召开基层党组织建设质量提升推进会。党组成员、副主任、机关党委书记王承文出席会议并讲话。

10 月

10 月 9 日，中央纪委国家监委驻科学技术部纪检监察组组长、科技部党组成员高波到自然科学基金委调研，并与自然科学基金委党组及领导班子成员召开见面座谈会，听取有关工作汇报。党组书记、主任李静海主持会议。自然科学基金委党组及领导班子成员、中央纪委国家监委驻科学技术部纪检监察组副组长兰池军出席会议。

10 月 10—13 日，自然科学基金委主任李静海应邀作为主讲嘉宾线上出席"泰晤士高等教育世界学术峰会"。此次峰会由英国《泰晤士高等教育》杂志和美国纽约大学在美国纽约联合举办。

10 月 16 日，自然科学基金委组织全委党员、干部集中收看中国共产党第二十次全国代表大会开幕会。

10 月 24 日，自然科学基金委党组召开会议，专题传达学习党的二十大和二十届一中全会精神。党组书记、主任李静海主持会议。党组及领导班子成员结合工作实际分别作交流发言。

10 月 28 日， 自然科学基金委与施普林格·自然
（Springer Nature）出版集团联合举办的中欧"科
研评审"高层圆桌会议以线上、线下相结合的方
式成功举行，副主任谢心澄出席会议并致欢迎词。
来自中国、英国、德国、瑞典等国家的知名大学、
科研机构和资助机构的代表参加会议。

11 月

11 月 2—3 日， 中共国家自然科学基金委员会党
组 2022 年（扩大）会议在京召开。会议以习近平
新时代中国特色社会主义思想为指导，认真学习
贯彻党的二十大精神，推进落实习近平总书记关
于科技创新特别是基础研究的重要指示批示精神，
全面总结科学基金系统性改革成效，分析科学基
金深化改革中存在的问题，聚焦"推动科研范式变
革"和"提升凝练科学问题的能力"两个重点，研
究进一步推动科学基金深化改革的思路举措，加
快构建"理念先进、制度规范、公正高效"的新时
代科学基金体系，推动基础研究高质量发展，为
实现高水平科技自立自强提供坚实支撑。

11 月 10 日， 中德科学中心第二十五届联委会以
视频方式顺利召开。本次会议执行主席由自然科
学基金委副主任、联委会中方主席谢心澄担任。
自然科学基金委秘书长、联委会中方委员韩宇，
吉林大学校长张希，DFG 副主席、联委会德方主
席阿克塞尔·布拉克哈格（Axel Brakhage）教授等
出席会议。

11 月 11 日， 中央组织部有关负责同志出席自然科学基金委领导干部会议，宣布中央决定：窦贤康同
志任国家自然科学基金委员会党组书记，李静海同志不再担任国家自然科学基金委员会党组书记职务。

11 月 15 日，自然科学基金委组织召开 2022 信息保密安全专题讲座，学习宣传个人信息安全保护法和数据安全保护法，党组成员、秘书长韩宇主持报告会。

11 月 17 日，中央纪委国家监委驻科学技术部纪检监察组与自然科学基金委党组召开 2022 年第 1 次全面从严治党专题会商会议，围绕"认真学习贯彻党的二十大精神，深入落实《关于加强巡视整改和成果运用的意见》，深化中央巡视后续整改工作，坚持不懈把全面从严治党推向纵深"主题进行会商。中央纪委国家监委驻科学技术部纪检监察组组长高波出席会议并讲话，自然科学基金委党组书记窦贤康主持会议并讲话，自然科学基金委主任李静海作书面讲话。中央纪委国家监委第二监督检查室有关领导应邀到会指导。自然科学基金委党组及领导班子成员、中央纪委国家监委驻科学技术部纪检监察组副组长兰池军等同志出席会议。

11 月 17 日，国家自然科学基金委员会 - 中国科学院学科发展战略研究工作联合领导小组第九次会议召开。联合领导小组组长、自然科学基金委主任李静海和联合领导小组组长、中国科学院副院长高鸿钧出席会议并讲话。联合领导小组副组长，自然科学基金委党组成员、秘书长韩宇主持会议。

11 月 18 日，自然科学基金委党组书记窦贤康以"永远跟党走 奋进新征程——深入学习贯彻党的二十大精神"为题，为全委党员、干部讲授党课。在委领导班子成员出席活动，党组成员、副主任高瑞平主持活动。

11 月 23 日，自然科学基金委召开基层党组织学习党的二十大精神暨党建工作交流会。党组书记窦贤康出席会议并讲话，党组成员、副主任高瑞平主持会议。机关党委、各基层党组织负责同志和其他专兼职党务干部 110 余人通过线上、线下方式参加会议。

12 月

12 月 2 日，自然科学基金委咨委会 2022 年全体会议在京召开，会议由咨委会主任杨卫主持，共 17 位委员出席会议。自然科学基金委主任李静海，党组书记窦贤康，副主任谢心澄，党组成员、副主任高瑞平，党组成员、秘书长韩宇出席会议。

12 月 8—10 日，由自然科学基金委、比尔及梅琳达·盖茨基金会和深圳市卫生健康委员会支持，深圳国家感染性疾病临床医学研究中心、深圳市第三人民医院主办的"第三届全球健康学术研讨会"在线上成功举行。自然科学基金委副主任谢心澄通过网络视频连线方式出席会议并致开幕词。

12 月 15 日， 自然科学基金委与科学欧洲（Science Europe）第三届高层战略与政策论坛以视频会议方式举办。自然科学基金委主任李静海和科学欧洲理事会主席、卢森堡国家研究基金会秘书长马克·施尔茨（Marc Schiltz）出席论坛并致辞。

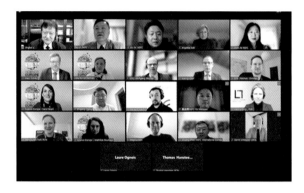

12 月 21 日， 国家自然科学基金委员会 - 中国工程院 " 中国工程科技未来 20 年发展战略研究 " 工作联合领导小组第四次会议召开。联合领导小组组长、中国工程院院长李晓红和联合领导小组组长、自然科学基金委主任李静海出席会议并讲话。联合领导小组副组长，自然科学基金委党组成员、秘书长韩宇出席会议。

12 月 30 日， 中央纪委国家监委驻科学技术部纪检监察组与自然科学基金委党组召开 2022 年第 2 次全面从严治党专题会商会议，围绕 " 认真学习领会中央纪委国家监委领导批示精神，用根本性措施坚决根除评审专家被 ' 打招呼 ' 顽疾 " 主题开展专题会商。中央纪委国家监委驻科学技术部纪检监察组副组长兰池军，自然科学基金委党组成员、副主任高瑞平，党组成员、秘书长韩宇出席会议并讲话。会议由高瑞平同志主持。

二、双清论坛

双清论坛是自然科学基金委立足科学基金资助管理工作，为推动科研范式变革，开展学科发展战略研究，促进学科交叉与融通，完善科学基金制度体系和管理运行机制，提高科学基金管理水平而设立的战略性学术研讨会议。双清论坛主要研讨面向世界科学前沿和国家重大需求的前瞻性、综合性和交叉性科学问题，以及科学基金资助管理的重大政策问题，助力构建理念先进、制度规范、公正高效的新时代科学基金体系。

2022 年，双清论坛贯彻落实科学基金深化改革决策部署和科学基金"十四五"发展规划，坚持"四个面向"，根据当前科技发展的新趋势和建设科技强国对基础研究提出的新要求，围绕委党组提出的促进凝练科学问题和推动科研范式变革两个重点，注重学科交叉融合，立足于服务科学基金资助工作，重视发挥引领科学发展、支撑国家重大需求的功能作用。全年共举办双清论坛 23 期（附表 2-1），与会专家 916 人次。其中，科学部主办 21 期，职能局（室）主办 2 期；主要涉及科学前沿的基础科学问题 10 期，涉及面向国家发展战略需求的深层次科学问题 11 期（附图 2-1、附图 2-2），涉及发展与完善科学基金制度的重大政策和管理问题 2 期。

2022 年，双清论坛为做好论坛成果宣传，提高学术影响力，探索以 *Fundamental Research*、《中国科学基金》委内两刊为主体，《国家科学评论》《科学通报》等委外刊物为补充的协同宣传方式。围绕 13 期论坛组织专题、专刊，*Fundamental Research* 已正式出版 4 期论坛专题（含学术文章 26 篇），《中国科学基金》已正式出版论坛综述文章 5 篇、3 期论坛专题（含学术文章 32 篇）。

附图 2-1 "新时期草学的重大基础科学问题"双清论坛

附图 2-2 "面向碳中和的能源环境政策研究"双清论坛

附表 2-1　2022 年双清论坛主题目录

第 299 期：神经－免疫互作与调控 （2022 年 3 月 23—24 日）	第 314 期：细胞生物学研究的原始创新与新研究范式 （2022 年 8 月 25—26 日）
第 300 期：管理中的数学规划算法 （2022 年 4 月 14—15 日）	第 315 期：安全与发展背景下基础研究战略 （2022 年 8 月 30 日）
第 304 期：大气中病毒和微生物传播的检测和预警 （2022 年 3 月 29—30 日）	第 317 期：高分子解聚、回收与高值化转化 （2022 年 11 月 19—20 日）
第 305 期：集成芯片前沿技术 （2022 年 4 月 25—26 日）	第 318 期：化学品智能制造的科学基础 （2022 年 11 月 17—18 日）
第 306 期：供应链韧性与供应链安全 （2022 年 4 月 28—29 日）	第 319 期：免疫力数字解码 （2022 年 9 月 29 日）
第 307 期：面向碳中和的能源环境政策研究 （2022 年 5 月 5—6 日）	第 320 期：表面科学的交叉探索 （2022 年 11 月 11—12 日）
第 308 期：穿越地球时空计划：地球气候环境变化的历史 　　　　　重建和未来预测 （2022 年 4 月 22 日）	第 321 期：前板块构造与大陆起源 （2022 年 11 月 12—13 日）
第 309 期：二维及拓扑自旋物理 （2022 年 8 月 1—2 日）	第 322 期：交叉研究视角下的数据科学 （2022 年 11 月 14—15 日）
第 310 期：依托大科学装置 推进国际科技合作 （2022 年 8 月 3 日）	第 323 期：虫媒病毒感染传播及跨界免疫适应机制 （2022 年 11 月 16—17 日）
第 311 期：变革性储能技术的化学工程科学基础 （2022 年 8 月 4—5 日）	第 324 期：面向双碳目标的自动化和智能化理论与技术 （2022 年 11 月 19 日）
第 312 期：纳光电子与光子芯片物理与应用 （2022 年 8 月 12—13 日）	第 325 期：降碳减污多维协同的基础科学问题 （2022 年 12 月 19—20 日）
第 313 期：新时期草学的重大基础科学问题 （2022 年 8 月 17—18 日）	

三、国家自然科学基金资助管理行政规范性文件体系

根据《国家自然科学基金条例》，截至 2022 年 12 月 31 日，制定实施有关科学基金组织管理、程序管理、资金管理、监督保障等四个方面的行政规范性文件共 38 项。

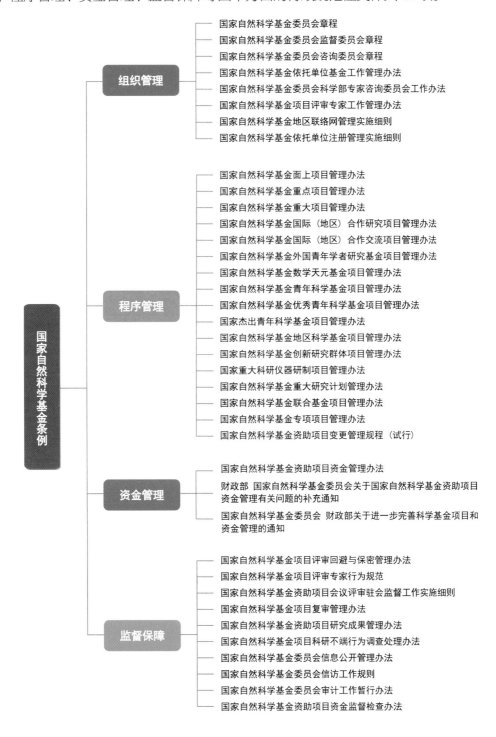

组织管理
- 国家自然科学基金委员会章程
- 国家自然科学基金委员会监督委员会章程
- 国家自然科学基金委员会咨询委员会章程
- 国家自然科学基金依托单位基金工作管理办法
- 国家自然科学基金委员会科学部专家咨询委员会工作办法
- 国家自然科学基金项目评审专家工作管理办法
- 国家自然科学基金地区联络网管理实施细则
- 国家自然科学基金依托单位注册管理实施细则

程序管理
- 国家自然科学基金面上项目管理办法
- 国家自然科学基金重点项目管理办法
- 国家自然科学基金重大项目管理办法
- 国家自然科学基金国际（地区）合作研究项目管理办法
- 国家自然科学基金国际（地区）合作交流项目管理办法
- 国家自然科学基金外国青年学者研究基金项目管理办法
- 国家自然科学基金数学天元基金项目管理办法
- 国家自然科学基金青年科学基金项目管理办法
- 国家自然科学基金优秀青年科学基金项目管理办法
- 国家杰出青年科学基金项目管理办法
- 国家自然科学基金地区科学基金项目管理办法
- 国家自然科学基金创新研究群体项目管理办法
- 国家重大科研仪器研制项目管理办法
- 国家自然科学基金重大研究计划管理办法
- 国家自然科学基金联合基金项目管理办法
- 国家自然科学基金专项项目管理办法
- 国家自然科学基金资助项目变更管理规程（试行）

资金管理
- 国家自然科学基金资助项目资金管理办法
- 财政部 国家自然科学基金委员会关于国家自然科学基金资助项目资金管理有关问题的补充通知
- 国家自然科学基金委员会 财政部关于进一步完善科学基金项目和资金管理的通知

监督保障
- 国家自然科学基金项目评审回避与保密管理办法
- 国家自然科学基金项目评审专家行为规范
- 国家自然科学基金资助项目会议评审驻会监督工作实施细则
- 国家自然科学基金项目复审管理办法
- 国家自然科学基金资助项目研究成果管理办法
- 国家自然科学基金项目科研不端行为调查处理办法
- 国家自然科学基金委员会信息公开管理办法
- 国家自然科学基金委员会信访工作规则
- 国家自然科学基金委员会审计工作暂行办法
- 国家自然科学基金资助项目资金监督检查办法

国家自然科学基金条例